Jochen Ludewig (Hrsg.)
Software- und
Automatisierungs-
projekte – Beispiele
aus der Praxis

Informatik und Unternehmensführung

Herausgegeben von
Prof. Dr. Kurt Bauknecht, Universität Zürich
Dr. Hagen Hultzsch, Volkswagen AG Wolfsburg
Prof. Dr. Hubert Österle, Hochschule St. Gallen
Dr. Wilhelm Rall, McKinsey & Company, Stuttgart

Die Informatik ist die Basis unserer 'Informationsgesellschaft'.
In vielen Wirtschaftszweigen bildet sie mittlerweile eine strategische
Größe – sei es als externer Faktor, der zur strukturellen Veränderung
einer Branche beiträgt, oder sei es als aktives Instrument im
Wettbewerb. Das Management der Informatik wird somit zuneh-
mend zur Führungsaufgabe. Deshalb wendet sich diese Reihe in
erster Linie an Führungskräfte der mittleren und oberen Leitungs-
ebene aus Wirtschaft und Verwaltung, die im Rahmen ihrer Tätigkeit
zunehmend den Herausforderungen der Informatik begegnen
müssen. Die Beiträge sollen dem besseren Verständnis der
Informatik als wertvolle Ressource einer Organisation dienen.
Die Autoren wollen neuere Strömungen im Grenzbereich zwischen
«Informatik und Unternehmensführung» sowohl anhand praktischer
Fälle erläutern, wie auch mit Hilfe geeigneter theoretischer Modelle
kritisch analysieren. Der interdisziplinären Diskussion zwischen
Informatikern, Wirtschaftsfachleuten und Organisationsexperten,
zwischen Praktikern und Wissenschaftlern, zwischen Managern
aus Industrie, Dienstleistungsgewerbe und öffentlicher Verwaltung
soll dabei breiter Raum eingeräumt werden.

Software- und Automatisierungs-projekte — Beispiele aus der Praxis

Herausgegeben von
Prof. Dr. Jochen Ludewig, Universität Stuttgart

Springer Fachmedien
Wiesbaden GmbH 1991

Prof. Dr. rer. nat. Jochen Ludewig

Geboren 1947 in Hannover. Studium der Elektrotechnik an der TU Hannover (1966 bis 1973), Aufbaustudium Informatik an der TU München (bis 1975). Mitarbeiter am Institut für Datenverarbeitung in der Technik des Kernforschungszentrums Karlsruhe (bis 1980), Promotion durch die TU München (1981). Mitglied, später Leiter des Projekts Software Engineering im Brown Boveri Forschungszentrum in Baden/Schweiz (1981 bis 1985), dann Assistenzprofessor für Informatik an der ETH Zürich, ab Oktober 1988 ordentlicher Professor für Software Engineering an der Universität Stuttgart.

CIP-Titelaufnahme der Deutschen Bibliothek

Software- und Automatisierungsprojekte: Beispiele aus der Praxis / hrsg. von Jochen Ludewig. – Stuttgart : Teubner, 1991
(Informatik und Unternehmensführung)
ISBN 978-3-322-94693-5   ISBN 978-3-322-94692-8 (eBook)
DOI 10.1007/978-3-322-94692-8
NE: Ludewig, Jochen [Hrsg.]

© Springer Fachmedien Wiesbaden 1991
Ursprünglich erschienen bei B.G. Teubner Stuttgart 1991
Softcover reprint of the hardcover 1st edition 1991
Einbandgestaltung: Peter Pfitz, Stuttgart
Gesamtherstellung: Präzis-Druck GmbH, Karlsruhe

Vorwort

Über Software- und Systemprojekte wird viel geredet. Trotzdem ist es sehr schwer, handfeste Information zu bekommen. Zwar gibt fast jeder im kleinen Kreise gern die eigenen Erlebnisse zum Besten, nicht nur Erfolge, sondern auch Niederlagen; doch wenn man Genaueres wissen will, dann läuft man gegen eine Wand oder greift ins Leere: Fakten sind in der Regel geheim, soweit sie überhaupt aufgezeichnet werden.

Damit befindet sich der forschende *Software Engineer* in der Rolle eines Mediziners, dessen Patienten, wenn sie überhaupt in die Praxis kommen, sich auf keinen Fall entkleiden wollen. Daß es ihnen nicht gut geht, bringt sie nicht dazu, ihre intimen Informationen zugänglich zu machen. Entsprechend vage bleibt das Bild der Situation, die wir verbessern wollen.

Das vorliegende Buch stellt einen Versuch dar, in diesem Punkt einen Schritt weiterzukommen. Es enthält eine Sammlung von Berichten aus Projekten, die wirklich durchgeführt wurden, mit realen Zielen und zu realen Kosten, also keine netten, aber fiktiven Projekte wie bei Race (1979). Es soll als Anschauungsmaterial all denen dienen, die

- als angehende Informatiker etwas über den größeren Rahmen ihrer späteren Arbeit lernen wollen

- als Verantwortliche in den Unternehmen Einblicke suchen in den schwer durchschaubaren Bereich der Software- und System-Entwicklung

- als Leiter oder Mitarbeiter von Projekten über den Zaun einen Blick in die Nachbargrundstücke werfen möchten, um den eigenen Stand besser beurteilen zu können

- über Möglichkeiten nachdenken, den Prozeß der Software- und Systementwicklung besser zu strukturieren und zu unterstützen

Das Material wird - anders als bei Elzer (1989) - nur ausgebreitet, die Auswertung ist den Lesern überlassen. Es eignet sich damit auch als Quelle für ein Seminar.

Die vorgestellten Projekte sind nicht so ausgewählt, daß sie als repräsentativ gelten können, die Auswahl war eher zufällig, vor allem bestimmt durch die Bereitschaft, eine Arbeit zu leisten, die sich nicht unmittelbar lohnt. Trotzdem wird jeder, der selbst einige Erfahrungen gesammelt hat, bestätigen, daß es sich - mit den zu erwartenden Schwankungen - um ganz durchschnittliche Projekte handelt. Wir wollen also weder eine Sammlung von Katastrophen anlegen (wie sie z.B. von Hall, 1980, dokumentiert sind), noch eine Ehrenhalle bauen (diese Literatur braucht nicht zitiert zu werden); vielmehr haben wir registriert, was zugänglich war.

Die Kosten sind nicht immer explizit genannt; sie lassen sich aber aus den Zeitangaben abschätzen, wenn man Ende der 80'er Jahre als typische Kosten *intern* 800 bis 1000 DM pro Arbeitstag ansetzt; den Kunden werden etwa 50 % mehr verrechnet.

Daß ein solches Buch entstehen konnte, hatte wenigstens drei Voraussetzungen: Wenigstens einige Leute (und deren Firmen) mußten auf den Anspruch verzichten, zu Haus eine ganz und gar heile Software-Welt zu haben; irgendwo mußte der Nährboden sein und, nicht zuletzt, die Autoren mußten die Arbeit leisten.

Die Bereitschaft, offen über Software-Probleme zu reden, hat erfreulicherweise in den achtziger Jahren wesentlich zugenommen: Wie in der europäischen Politik sind bis auf wenige orthodoxe "Inseln" die meisten Informatik-Firmen und -Organisationen zu Glasnost übergegangen.

Der Nährboden war die GI-Fachgruppe 4.3.1 "Requirements Engineering", in der die Idee zu diesem Buch entstand. Auch die Autoren kommen etwa zur Hälfte aus diesem Kreise, die übrigen haben auf diesem oder jenem Wege vom Buch-Projekt erfahren und sind "zugestiegen".

Aus naheliegenden Gründen sind die Beiträge nicht namentlich gezeichnet; als Herausgeber garantiere ich aber die Authentizität. Ich bin also den Autoren, die nachfolgend in alphabetischer Reihenfolge (und damit nicht in der Reihenfolge des Abdrucks) genannt sind, zu doppeltem Dank verpflichtet: Dank für die Mühe, und Dank für den Verzicht auf die Sichtbarkeit der individuellen Leistungen.

Jürgen Berger	Sietec GmbH & Co., Berlin
Gerhard Dittrich	Hoechst AG, Frankfurt
Karol Frühauf	INFOGEM AG, Baden/Schweiz
Martin Glinz	ABB Informatikschule, Baden/Schweiz
Norman Heydenreich	ADAC e.V., München
Klaus J. Jeppesen	ABB, Kopenhagen
Ulrich Klonki	Hoesch AG, Dortmund
Heinz-Dieter Knöll	Fachhochschule Nordost-Niedersachsen, Lüneburg
Ulrich Lewandowski	Hoesch AG, Dortmund
Dieter Linnert	Maschinen- und Anlagenbau Holding AG, Linz
Wilfried Martin	IBM Deutschland, Sindelfingen
Burkard Menth	Siemens AG, München
Monika Rheindt	Siemens AG, München
Elisabeth Rickerts	DATEV eG, Nürnberg
Helmut Sandmayr	INFOGEM AG, Baden
Michael Teufel	Hoesch AG, Dortmund

Mein Wunsch ist, daß dieses Buch nicht nur viel gelesen, sondern auch kritisiert und verbessert wird (Beiträge dazu sind willkommen); niemand wird bedauern, wenn unser Bild der Lage möglichst bald als Blick in eine dunkle, aber überwundene Vergangenheit erscheint.

Stuttgart, im Oktober 1990   Jochen Ludewig

Inhaltsverzeichnis

Information Technology Study

Das erste hier vorzustellende Projekt scheint zunächst sehr exotisch und wenig typisch für Software-Projekte: Das BMFT vereinbart mit einem industriellen Schwellenland, die Einführung von Informationstechnologie zu fördern. Ein den lokalen Verhältnissen angepaßter Bedarf und dessen Deckung soll in einer Studie untersucht werden. Das BMFT überträgt diese Arbeiten einem bundesdeutschen Systemhaus.

Man einigt sich nach zähen Verhandlungen, geprägt durch das "Lokalkolorit", die Untersuchungen am Beispiel einer Hausgerätefabrik durchzuführen. Der Aufwand wird ca. 10 MM betragen.

Der tatsächliche Projektverlauf ist jedoch kaum von den nationalen Gegebenheiten geprägt, sondern vielmehr von den bei uns nur zu gut bekannten Unzulänglichkeiten einer Studienphase. So fiel es wie sonst auch schwer, sich in die Gedankenwelt des Partners hineinzuversetzen. Auch dort bekam man den tatsächlichen Endanwender nicht zu Gesicht und konnte sich demzufolge kein zutreffendes Bild über die wirklichen Nutzerbedürfnisse machen.

So verwundert es nicht, daß auch diese rund DM 300.000 teure Studie in geschmackvoller Aufmachung zwar die Bibliothek eines afrikanischen Ministers ziert, die Archive des BMFT und der Ersteller weiter füllt, aber überhaupt nicht in die Realität umgesetzt wurde.

Das Projekt bietet uns also einen ungewohnten Verfremdungseffekt; bei näherer Betrachtung erweisen sich die Probleme als durchaus typisch, nur eben deutlicher sichtbar als in "gewöhnlichen" Projekten.

Der Berichterstatter, der schon vorher intime Kenntnisse der betreffenden Region hatte, war an der Studie beteiligt.

1.   Ziel und Einbettung

1.1.   Aufgabe

Einführung von Informationstechnologie in einem industriellen Schwellenland der Dritten Welt

- Aufnahme des vorhandenen Status am Beispiel einer Kühlschrankfabrik

- Beachtung der besonderen Bedingungen, wie sie in einem Staatsbetrieb herrschen

- Steigerung der Produktivität durch Einsatz von Computertechnologie in ausgewählten Bereichen

- Besondere Berücksichtigung der nationalen und ethnischen Gegebenheiten

1.2.   Vertragsverhältnis

Geldgeber ist das BMFT
Ausführende sind ein deutscher Konzern, gleichzeitig Hardware- und Softwarehersteller, und ein ihm gehöriges Systemhaus.

1.3   Erfolgschancen

Der Vergleich betriebswirtschaftlicher Kennzahlen dieser Fabrik und deutscher Produktionsstätten verdeutlicht das Rationalisierungspotential.

Dort produzieren 2.600 Mitarbeiter jährlich Waren im Wert von ca. 24' DM, bei uns für ca. 700'. Damit liegt die Produktivität hier ca. 30 mal höher. Da derartige Geräte mit einem Lohnanteil von höchstens 5% zu fertigen sind, kann bei dieser Betrachtung das Lohngefälle vernachlässigt werden.

2.   Projektorganisation

2.1.   Auftragnehmer

An die besonderen Gegebenheiten einer Studie angepaßte Standard -
Projektorganisation. Das Schaubild (1) zeigt die Rollenverteilung und die
Besetzung im Projekt.
Die Querschnittsfunktionen Qualitätssicherung und Betriebswirtschaft
werden von Stabsabteilungen wahrgenommen, die Entscheiderrolle von
der Firmenleitung. Der im Angebot (s.P. 3.1) genannte Personalbedarf
bezieht sich auf Projektleitung und Engineering.

2.2.   Auftraggeber

Ist im praktischen Verlauf dem Leistungsempfänger gleichzusetzen. Ein
adäquates Pendent gemäß Schema Abb.2 war nicht zu erwarten.

Als Gesprächspartner haben mitgewirkt:

- Der Wirtschaftsminister des erwähnten Staates

- Die Betriebsleitung der Kühlschrankfabrik

- Die Lagerleitung der Kühlschrankfabrik

- Der zukünftige Betreiber und Verantwortliche für Hardware- und
  Softwareeinsatz im Betrieb

Projekt - Organisation
Entscheider
Ostermann
Projektleiter
Weber
Projektmanagement
Weber
Betriebswirtschaft
Langer
Systemengineering
Fust / Kregeloh
Auftragsmanagement
Weber
Qualitätssicherung
Berger

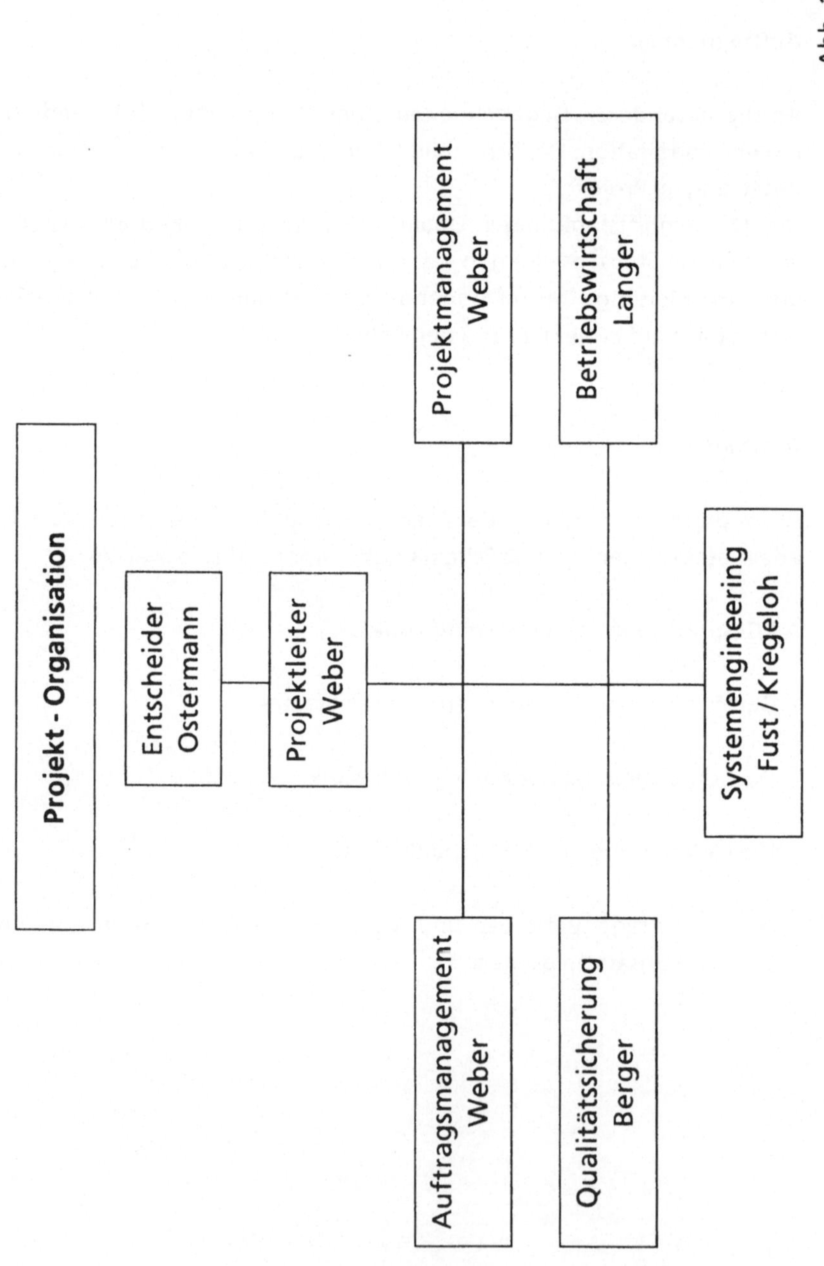

Abb. 1

4   Auftrags-Verlags-Strukturen

Die in 1 dargestellte Projektorganisation ist dienststellen- und vertragsneutral. Sie kommt auf der Auftragnehmerseite voll zum Tragen, wiederholt sich aber zumindest partiell noch einmal auf der Auftraggeberseite.

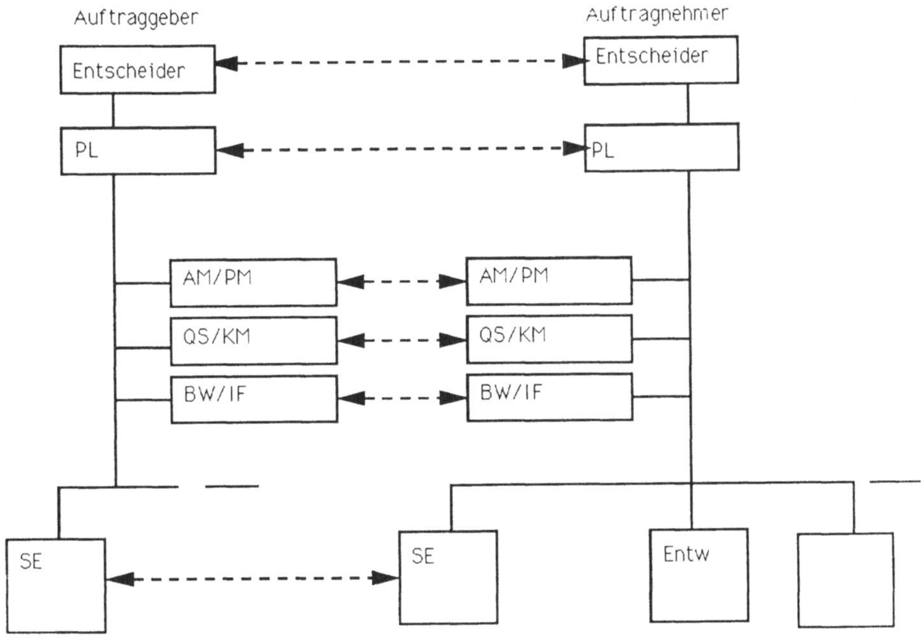

Die jeweiligen Instanzen/Rollenträger auf der Auftraggeber- und der Auftragnehmerseite sind jeweils gleichberechtigte Partner, die entsprechende Vereinbarungen oder Absprachen einvernehmlich treffen müssen. Dazu empfehlen sich wieder Gremien wie unter 3 beschrieben, die dann allerdings durch die jeweiligen Auftraggeber- **und** Auftragnehmervertreter besetzt sind. Es gibt dann keinen Vorsitzenden, höchstens einen Veranstalter und/oder Moderator. Statt Entscheidungen sind Vereinbarungen herbeizuführen.

Werden innerhalb der Projektorganisation des Auftragnehmers Unteraufträge (Arbeitspakete) an andere Dienststellen übertragen, so ändert sich nichts an der Projektorganisation. Der Projektleiter ist voll für die vergebenen Unteraufträge verantwortlich. Zu seiner Absicherung muß er jedoch entsprechende Verträge mit den auftragnehmenden Dienststellen schließen.

Abb. 2

3.   Projekthistorie

3.1   Angebot

Angebotsabgabe	9.9.85
Geplante Laufzeit gemäß Angebot	12/85 - 4/86
Geplanter Personaleinsatz	2,5 Mitarbeiter
Geschätzter Aufwand	9.5 MM
Angebotener Auftragswert	'259 * ^
Kalkulierter Auftragswert zu Preisen	'375

(Listenpreise für ext. Auftraggeber
198,-DM / Stunde + Rechnerkosten
für graphische Entwürfe)

Direkter Auftragnehmer ist eine vom BMFT beauftragte
Koordinierungsstelle.

Als Arbeitsorte werden vorgeschlagen
- Bestandsaufnahme und Ergebnisdurchsprachen vor Ort. Gesamtdauer ca. 4 Wochen für alle Mitarbeiter des Auftragnehmers
- Erarbeitung der Studie am deutschen Firmensitz
- Auftraggebermitwirkung durch eine Abordnung von zwei Mitarbeitern nach Deutschland für ca. 4 Wochen.

Der Auftraggeber hat damit auch Gelegenheit, sich mit seiner eventuellen zukünftigen Technologie vertraut zu machen.

Als Arbeits- und Darstellungsmethode wird CADOS empfohlen (s. Kurzerläuterung).

* ^ 259.000 DM

CADOS - Beschreibungselemente

Netzwerke

Zwischen Objekten fließen Daten / Informationen in die durch die Pfeile
angegebene Richtung.

Prozesse

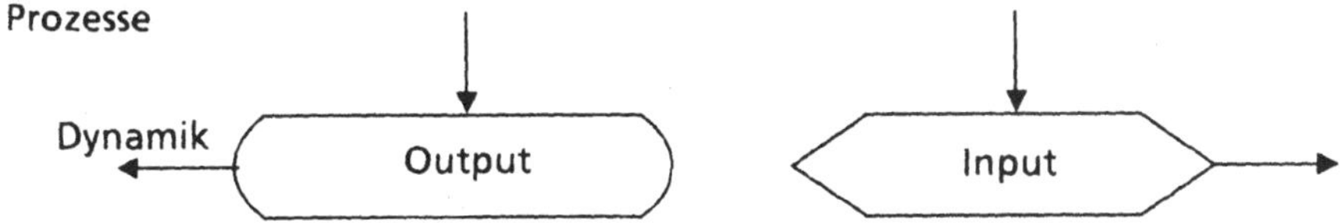

Das Modell wird durch Inputs und Outputs "getrieben". Die dynamischen
Elemente sind mit Zeitfenstern versehen. Die Pfeile geben die Richtung des
Steuerflusses an. Mit seinem Eintreffen sind spezifizierte Daten gemäß
Definition im Netzwerk verfügbar.

Steuerelemente

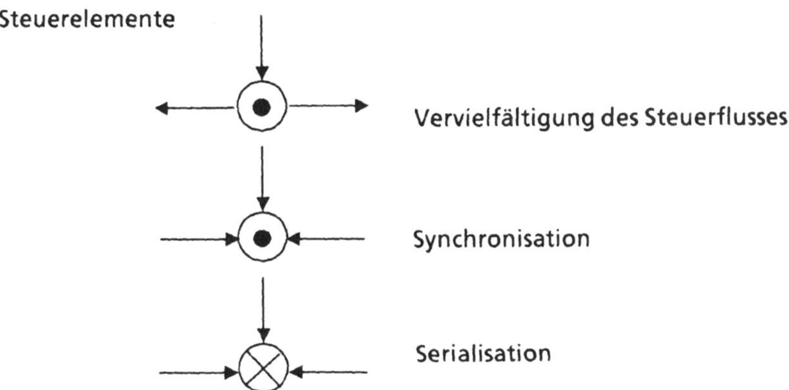

CADOS - Tools

- graphischer Editor
- Konfigurationmanagement
- Anlage (Prüfung auf Vollständigkeit, korrekte Syntax)
- Simulation

Angebotsinhalt in 13 Arbeitspaketen

Arbeitspaket	Kurzbeschreibung
1. Vorbereitung der Ist-Aufnahme	Festlegen der Vorgehensweise, Interviewvor-bereitung (Entwicklung von Standards, Checklisten), Erarbeitung eines Gesamtkonzeptes, Vorbereitung der CADOS -Hardware und - Software, Vervollständigung der Unterlagen zur Projektplanung und -durchführung
2. Durchführung der vorläufigen Ist-Aufnahme / Analyse	Kennlernen des Umfeldes der Firma, Durchführung der Ist-Aufnahme, Strukturierung der Firma mit der Methode CADOS, handschriftliche Erfassung der Input- Output-Parametertabellen (IOPT's) und von groben Prozessdiagrammen (IORTD's)
3. Erhebung der DV-Verfahrens-landschaft	Zur Entwicklung eines IT-Grobkonzeptes müssen die bereits bestehende DV-Verfahrenslandschaft bekannt sein, d.h. was, wo, wie angewendet wird, welche Schnittstellen, welche Erfahrungen, Probleme, Kommunikationsmöglichkeiten, Infrastruktur etc. für die Firmenumwelt bestehen
4. Entwicklung von IT-Grobkonzept	Auf der Basis der gewonnen Erkenntnisse über die Arbeitsweise, Know-How, Mentalität, Informationsströme, Stand der IT etc. innerhalb der Firma bzw. ihrer Verbindungen zu übergeordneten staatlichen Verwaltungen und zu bereits existierenden Informationssystemen Konzeption von - alternativen IT-Lösungsmodellen - Schritten zur Realisierung bzw. Einführung dieser Lösungsmodelle Anmerkung: IT-Lösungsmodelle sind nicht auf den Einsatz von DV beschränkt, sondern beinhalten als wesentlichen Bestandteil Informationsströme bzw. Bearbeitung/ Verarbeitung unterschiedlicher Daten / Objekte

Arbeitspaket	Kurzbeschreibung
5. Überarbeitung der Ist-Aufnahme mit Grobanalyse	Überarbeitung und Vorbereitung der vorort gemachten Ist-Aufnahme für die Erfassung mit CADOS; Durchführung einer Grobanalyse als Basis für die Entwicklung eines IT-Grobkonzepts mit Aufstellung der Strukturdiagramme (SBD's)
6. Erfassung mit CADOS	Maschinelle Erfassung der überarbeiteten SBD's IOPT's und IORTD's mit dem CADOS-Paket "Storage and Retrieval" als Ausgangsbasis für die maschinelle Pflegbarkeit im Rahmen einer möglichen Konfigurationsverwaltung (CADOS-Paket: Configuration-Management)
7. Rückkopplung der Ist-Aufnahme/ Analyse; Vorstellung der Zwischenergebnisse	Abstimmung der Ergebnisse der Ist-Aufnahme mit Abklärung von Fragen; Vorstellung der Zwischenergebnisse zum IT-Grobkonzept; Diskussion
8. Bewertung der IT-Konzepte (Lösungsmodelle) nach Multifaktoren-Analyse	- Erstellung und Gewichtung der Bewertungskriterien wie z.B. * Verwendungsmöglichkeiten für andere Industriesektoren * Erfolgsrisiko (einsetzbar, beherschbar) * Zeitdauer bis zu ersten anwendbaren Ergebnissen * Anpassungsflexibilität zur Umwelt * Know-How-Transfer für den nationalen Mitarbeiter * Anfangskosten, Langzeitkosten und - Bewertung der alternativen Lösungsmodelle nach diesen Kriterien bzw. Gewichtungen
9. Analyse des Ausbildungsbedarfs	Beurteilung des Ausbildungsbedarfs der Mitarbeiter dieser Firma und Konzipierung möglicher Lösungssätze
10. Entwicklungsbedarf für IT-Einsatz	Auf der Basis der gewonnenen Erkenntnisse erfolgt eine Beurteilung des Entwicklungsbedarfs von IT zum Einsatz bei der Modernisierung von Industriebetrieben in Entwicklungsländern
11. Rückkopplung, Abstimmung, Redaktion	Redaktionelle Überarbeitung der Studie und Abstimmung mit den entsprechenden Stellen; Dokumentation der Ist-Aufnahme / Analyse
12. Konzept und Kostenplan für Realisierung eines Pilotvorhabens	Auf der Basis der gewonnenen Kenntnisse bzgl. der Firma bzw. ihrer Umwelt, Infrastruktur und Mentalität Identifizierung bzw. Beschreibung eines IT-Pilotvorhabens und Erstellung eines Termin-/Kostenplans für seine Durchführung
13. Abschlußredaktion, Präsentation der Ergebnisse	Abgabe der erarbeiteten Unterlagen über die Ergebnisse der Ist-Aufnahme/Analyse, Grobanalyse und des Konzeptes für das Pilotvorhaben; Empfehlungen zu weiteren konkreten Schritten

Aufgrund des geringen Umfangs des Projektes wird ein gesondertes Arbeitspaket "Projektleitung" nicht aufgeführt. Notwendige Arbeiten im Rahmen der P.MGT-Technik werden parallel zu den übrigen Arbeitspaketen durchgeführt.

Die Aufwandsschätzung basiert auf Mengengerüsten und
Erfahrungswerten wie

- Anzahl Darstellungsebenen, daraus
- Anzahl Seiten Dokumentation
- 1 MT / Seite Aufwand
- Interviewzeiten 2-3 Std./Gesprächspartner
- Abstimmrunden 0,5 AT
  u.ä.

Daraus resultiert der folgende Aufwandsrahmen

Arbeitspakete	MA	zeitl. Belastung	zeitl. Dauer (W)	Aufwand (MW)
1. Vorbereitung Ist-Aufnahme	2	1/2	2	2
2. Durchführung der Ist-Aufnahme + 3. Erhebung der + DV-Verfahrens- 11 landschaft	2	1	4	8
4. Entwicklung von Ist-Grobkonzepten	2	1/2	2	2
5. Überarbeitung der Ist-Aufnahme mit Grobanalyse	2	1/2	2	2
6. CADOS-Erfassung	1	1/2	2	1
7. Rückkopplung der Ist-Aufnahme/ Grobanalyse	1	1	1	1
Vorstellung der Zwischen- ergebnisse	2	1/2	1	1
8. Bewertung der IT-Konzepte bis (Lösungsmodelle) mit MFA 10. Entwicklungs- bedarf für IT - Einsatz	1	1/2	4	2
12. Aufstellung Konzept und + Kostenplan für 13 Realisierung eines Pilotvorhabens	1	1/2	4	2

IT = Informationstechnologie
MA = Mitarbeiter
W = Wochen / MW = Mannwochen

3.2   Projektanlauf

Am 18.11.85 findet die erste Projektsitzung des Gremiums gemäß
Projektorganisation statt (s. Schaubild).
Fazit: Kein Angebot, es werden aber Arbeiten freigegeben mit dem Ziel,
das Vorhaben auf jeden Fall anlaufen zu lassen. Der Aufwandsrahmen auf
eignes Risiko wird auf 70.000 DM begrenzt. Die Auftragswahr-
scheinlichkeit wird von den Beteiligten unterschiedlich eingeschätzt. Man
glaubt aber, durch eine Vorleistung eine Initialzündung zu geben.

Am 5.2.86 findet eine weitere Projektsitzung statt. Ein Auftrag über den
gesamten Arbeitsumfang ist am 17.12.85 eingegangen. Danach ergeben
sich die folgenden Einzelarbeitspakete incl. relativem Zeitplan.

Arbeitspakete	Monatsraster				
	0	1	2	3	4
1/2/ Vorbereitung/Durch- führung 3 der Ist-Aufnahme Analyse, Erhebung der DV-Verfahren	▨▨▨	▨			
4/5 Überarbeitung/Ent- wicklung von IT-Grobkonzepten		▨▨			
6 CADOS-Erfassung		▨			
7 Rückkopplung		▨			
8/10 Bewertung der IT- Lösungsmodelle mit Entwicklungsbedarf			▨		
9 Analyse Ausbildungs- bedarf				▨	
12 Konzeption eines Pilotvorhabens				▨	
11/3 Rückkopplung, Ab- stimmung, Redaktion, Präsent. der Ergebnisse					▨
Projektunterstützung (QS etc.)	▭▭▭▭▭▭▭▭▭▭				
Projektleitung	▭▭▭▭▭▭▭▭▭▭				

Allerdings heißt es in einem Abstimmgespräch mit dem Auftraggeber am 17.1. u.a.

... daß aufgrund der schwierigen Abstimmgespräche zum Gesamtprojekt (es lief also noch mehr in dem betreffenden Land) der Auftragnehmer seinen Auftrag flexibel handhaben soll.

... die Arbeitspakete jeweils vorher schriftlich definiert und abgestimmt werden.

Auch ein neuer Endtermin 30.6.86 erscheint schon jetzt zweifelhaft. Aber äußerster Schlußtermin wäre Dezember 1986. Ein neuer Arbeitsplan ist bis 15.3.86 zu erarbeiten und abzustimmen.

Am 26.2.86 scheint alles unter Dach und Fach zu sein.

Die Arbeiten erstrecken sich jetzt bis zum 30.9.86.

Die Aufwandssituation stellt sich wie folgt dar

	alt	neu
Nettoaufwand	149 MT	174 MT
Schätzreserve (ursprgl. 35%)	52 MT	27 MT
	201 MT	201 MT

Die Reserve deckt die neue Situation noch ab.

Am 15.4. wird festgestellt:

Die Durchführbarkeit des Gesamtprojekts stößt vor Ort offensichtlich auf Schwierigkeiten, deren Natur im dunkeln bleibt. Der Auftraggeber bittet um Sistierung.

Es ist ein Zwischenbericht zu fertigen. Die aufgelaufenen Kosten sind nach Aufwand zu verrechnen.

Dies geschieht am 23.6.86 mit 95.100 DM.

In Erwartung 'besserer Zeiten' wird das Projekt eingefroren.

3.3   Projektneuauflage

Mit einem Telex vom 7.11.86 bekommt das fast totgeglaubte Projekt eine
Wiederbelebungskomponente. Weiterhin ohne endgültige Absicherung
werden die Arbeiten in leicht modifizierter Form reaktiviert. Man kommt
zu dem Schluß, daß präzise Aufgabenstellungen weder vom BMFT noch
vom zwischengeschalteten Koordinator, geschweige denn von den
Leistungsempfängern zu erwarten sind. Damit wird -wie auch sonst nicht
ganz unüblich- davon ausgegangen, die Aufgabe vor Ort selbst
mitzudefinieren, ohne dem Auftraggeber eine fertige Vorstellung
aufzudrängen.
Das Angebot wird in Form einer Vertragserweiterung wie folgt
modifiziert.

	TDM
Ursprünglicher Vertragswert (gemäß Angebot)	'259
Dem Auftraggeber in Rechnung gestellt	'095
Vereinbarte Gutschrift auf o.g. Rechnung	'011
Reaktivierungswert (Wert der noch zu leistenden Arbeiten)	'260
Resultierender Mehraufwand gegenüber dem ursprünglichen Vertrag	'085

Schön, daß das BMFT so (und offensichtlich nur so) ablesen kann, daß es
weitere 85 TDM lockermachen = beantragen muß.

Das Projekt wird neu strukturiert und kalkuliert. Dazu wird der Prototyp
eines einschlägigen Tools herangezogen. So kann am "lebenden Objekt"
erprobt werden, ob die im Tool verankerte Methode der System- und
Projektstrukturierung sich in der Praxis bewährt. Die Erfahrungen haben
dazu beigetragen, die Toolentwicklung voranzutreiben.

───────────────── Produkt-SP ─────────────────

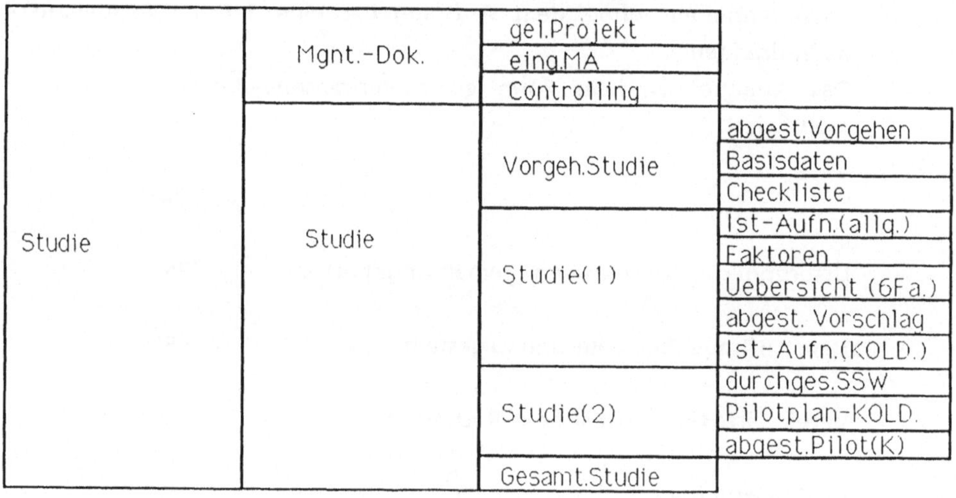

Studie	Mgnt.-Dok.	gel.Projekt	
		eing.MA	
		Controlling	
	Studie	Vorgeh.Studie	abgest.Vorgehen
			Basisdaten
			Checkliste
		Studie(1)	Ist-Aufn.(allg.)
			Faktoren
			Uebersicht (6Fa.)
			abgest. Vorschlag
			Ist-Aufn.(KOLD.)
		Studie(2)	durchges.SSW
			Pilotplan-KOLD.
			abgest.Pilot(K)
		Gesamt.Studie	

Projekt-SP
mit <u>Aufwänden</u>

Infotech durchführen
Aufw = 158.00d

- **1** Infotech leiten — Aufw = 18.00d
  - **11** Projekt leiten — Aufw = 14.00d
  - **12** MA-Einarbeit. durchführen — Aufw = 2.00d
  - **13** begleit.QS durchführen — Aufw = 2.00d
- **2** Studie erstellen — Aufw = 148.00d
  - **21** Studie definieren — Aufw = 15.00d
    - **211** Pla.&Abstimm.AG definieren — Aufw = 6.00d
    - **212** Anal.fact findin definieren — Aufw = 4.00d
    - **213** Aufstel.Checkl. definieren — Aufw = 5.00d
  - **22** Studie(1) realisieren — Aufw = 72.00d
    - **221** Ist-Aufn.(allg.) realisieren — Aufw = 24.00d
    - **222** Ermittl.Fakt. realisieren — Aufw = 9.00d
    - **223** Auswert.Ist-Auf. realisieren — Aufw = 28.00d
    - **224** Abstimm.Vorschl. realisieren — Aufw = 4.00d
    - **225** Ist-Aufn.(KOLD.) realisieren — Aufw = 15.00d
  - **23** Studie (2) realisieren — Aufw = 33.00d
    - **231** Durchs.SSW realisieren — Aufw = 18.00d
    - **232** Vorschl.Pilot(K) realisieren — Aufw = 18.00d
    - **233** Abstimm.Pilot(K) realisieren — Aufw = 5.00d
  - **24** Studie(1+2) dokumentieren — Auf = 20.00d

Projekt-SP

Infotech durchführen	1 Infotech leiten	11 Projekt leiten	
		12 MA-Einarbeit. durchführen	
		13 begleit.QS durchführen	
	2 Studie erstellen	21 Studie definieren	211 Pla.&Abstimm.AG definieren
			212 Anal.fact findln definieren
			213 Aufstel.Checkl. definieren
		22 Studie(1) realisieren	221 Ist-Aufn.(allg.) realisieren
			222 Ermittl.Fakt. realisieren
			223 Auswert.Ist-Auf. realisieren
			224 Abstimm.Vorschl. realisieren
			225 Ist-Aufn.(KOLD.) realisieren
		23 Studie (2) realisieren	231 Durchs.SSW realisieren
			232 Vorschl.Pilot(K) realisieren
			233 Abstimm.Pilot(K) realisieren
		24 Studie(1+2) dokumentieren	

----> ! ! ! Vorgang Nummer 1 ! ! ! <----

f = Ende der Aufgabe

Summe Aufwand: 1.06 MM
Summe Kapazität: 1.07 MM
Überdeckung: 0.01 MM

Jahr 86

Vorgang	Jan	Feb	Mar	Apr	Mai	Jun	Jul	Aug	Sept	Okt	Nov	Dez
Infotech durchfueh											2.10	1.10
1 Infotech leiten											0.24	0.13
2 Studie erstellen											1.06	0.97
Summe derzeit											2.10	1.10

Jahr 87

Vorgang	Jan	Feb	Mar	Apr	Mai	Jun	Jul	Aug	Sept	Okt	Nov	Dez
Infotech durchfueh	1.80	0.90	1.60	1.90								
1 Infotech leiten	0.21	0.10	0.18	0.22								
2 Studie erstellen	1.59	0.80	1.42	1.68								
Summe derzeit	1.80	0.90	1.60	1.90								

4.   Ergebnisse

Das Projekt geht im Aufwand mit einem hauchdünnen Plus durchs Ziel.
Die Gewinnspanne beträgt damit netto ca. 10%.
1/3 aller geplanten Aufgaben wurden vor Ort inhaltlich angepaßt oder
umdefiniert.
Der wesentliche Teil der leicht abstrahierten Ist-Aufnahme liegt als
CADOS-Modell vor. Das geforderte 'Lokalkolorit' ("Berücksichtigung
nationaler Gegebenheiten") ist nicht erkennbar. Ungeachtet dessen wird
das Ergebnis vor Ort ehrfürchtig bestaunt.

Das Modell beschreibt (statisch) Kommunikationsbeziehungen und den
Datenaustausch , ohne Daten exact spezifizieren zu müssen. Dem Modell
ist eine kurze verbale Zusammenfassung vorangestellt. Auszüge daraus
finden sich im Anhang.

5.   Diskussion der Ergebnisse

Die im Verlauf des Projektes mehrfach erwähnte 'Berücksichtigung der
nationalen Gegebenheiten' wird in Inlandsprojekten mit dem Schlagwort
'Kundennutzen' beschrieben. Dahinter verbirgt sich hier und dort die
Frage: Was will der Kunde wirklich? Oder statt Kunde besser gesagt: der
tatsächliche Anwender. Dieser wird hier wie dort aber in der Regel gar
nicht um seine Meinung gebeten, oder sie wird trotz Befragung ignoriert.

In einem Land der dritten Welt tritt diese Problematik weit offner zu Tage
als bei uns. Wegen ihrer Auffälligkeit kann sie deshalb lehrreicher sein als
ihre verkappte Form in Inlandsvorhaben.

Frage 1:   War der tatsächliche Anwenderbedarf bekannt?

Tatsachen: 1. Es war abzusehen , daß sich unsere Denkweise
                     nicht 1:1 auf die Verhältnisse eines "Schwellen-
                     landes" übertragen läßt.

                  2. Der echte Bedarf wurde vor Ort durchaus regi-
                     striert. Sein Schwergewicht lag jedoch im be-
                     rühmt-berüchtigten Umfeld und war somit kon-
                     zeptionell primär nicht verarbeitbar. (s. 5)

                  3. Wie auch gar nicht so selten, fielen die Interes-
                     sen der Auftraggeber und der tatsächlichen An-
                     wender auseinander.

                  4. In diesem Fall zieht sich der Auftragnehmer mei-
                     stens auf eine formale Position zurück und ver-
                     sucht, den Auftraggeber zufriedenzustellen.

                  5. Wo lag nun der Schlüssel zur Problemauflösung?
                     Er war wohl einseitig in den Lebensverhältnissen
                     zu suchen. Jeder vom Projekt berührte frage sich:
                     Was bringt **mir** das? Lagerarbeiter, Lagerleitung,
                     ´EDV´-Leitung, Betriebsleitung, Wirtschaftsmi-
                     nister: allen liegt diese Frage mehr oder weniger
                     legitim auf der Seele. Die Wechselbeziehung von
                     Produktivität und Einkommensmöglichkeit sind
                     nicht bekannt oder gehören nicht zum Erfahrungs-
                     bereich, weil nur allzu häufig Zugewinn in den
                     Kanälen der Korruption versickert.

Frage 2:   Wurde dem Anwenderbedarf angemessen entge-
                      gengekommen?

Tatsachen: Ziemlich eindeutig: nein!
                      Das konzeptionelle Überziehen der Landschaft mit
                      bei uns probaten Mitteln und Methoden hat fast
                      durchgängig das Kernproblem ignoriert.

Frage 3:   Hatte das Projekt überhaut eine Erfolgschance?

Einschätzung: Vielleicht doch. Wenn man sich schon die Freiheit
                      nimmt, vor Ort seine Aufgabenstellung selbst zu
                      definieren, hätte dabei u.U. auch eine besser ange-
                      paßte Dosierung von empfohlenen Folgeschritten
                      einen stufenweisen Fortgang ermöglicht.

Fazit: Trotz des exotischen Hauches, der durch das
                      Projekt wehte, liegt das Ergebnis nicht allzu weit
                      von Standardentwicklungen mitteleuropäischen
                      Zuschnitts entfernt.

Direktinkasso in einem Versicherungskonzern

Viele Projekte stoßen auf nichttechnische Schwierigkeiten, die den Informatiker verblüffen und im Rückblick unbedeutend erscheinen, vor allem dann, wenn das Projekt erfolgreich war wie dieses.

In einem großen Versicherungskonzern wurden die Beiträge traditionsgemäß dezentral, d.h. durch die Vertreter, kassiert und an die Zentrale abgeführt. Dieser Vorgang sollte nun zentralisiert werden (Direktinkasso); damit war die Umstellung des gesamten Inkassos auf Datenverarbeitung verknüpft.

Die Umstellung erfolgte im Rahmen eines auf 200 Arbeitsmonate geschätzten Projektes, das vor dem eigentlichen Start bereits seit zehn Jahren jährlich aus der Taufe gehoben wurde, um dann nach wenigen Monaten wegen Undurchführbarkeit beerdigt zu werden. Berichterstatter ist der für dieses Projekt neu eingestellte Projektleiter, der von dieser Vorgeschichte nichts wußte. Er setzte das Projekt gegen den Widerstand der Fachabteilungen mit der Hilfe motivierter Mitarbeiter aus DV und Organisation und mit Rückendeckung durch den Vorstand des Unternehmens durch.

Das Resultat wurde mit akzeptabler Verspätung eingeführt, wobei der Mitarbeiter-Aufwand nur geringfügig überschritten wurde, da die zugewiesenen Mitarbeiter auch noch andere projektfremde Tätigkeiten erledigen mußten. In der ersten Zeit nach der Einführung gab es massive Schwierigkeiten, vor allem mit den Fachabteilungen, die aber durch wiederholte Schulung und konsequentes Verhalten des Managements überwunden werden konnten.

Nach fünf Jahren ist das Verfahren im Unternehmen und bei den Kunden akzeptiert und die anfänglichen Schwierigkeiten sind vergessen.

1. Ziel und Einbettung des Projektes

Das Projekt Direktinkasso (ein Dauerbrenner bei fast allen größeren Versicherungsunternehmen) hatte die Aufgabe, die Beitragseinnahmen eines Versicherungskonzerns (zum Projektstart 1 Mrd. Umsatz, 1.500 Mitarbeiter im Innendienst, 1.800 Mitarbeiter im Außendienst, ca. 2 Mio. Kunden) umzustellen.

Traditionsgemäß wurden in dem Unternehmen die Versicherungsbeiträge von den Vertretern kassiert und an die Muttergesellschaft des Konzerns abgeliefert (siehe Abb. 1). Dieses Verfahren hatte für alle Beteiligten Vorteile. Für den Kunden hatte es den Vorteil, daß er es in allen Versicherungsfragen (Vertragsabschluß, Beitragszahlung, Schadensmeldung) stets nur mit einer Person zu tun hatte. Das Unternehmen hatte den Vorteil eines sehr einfachen Abrechnungsverfahrens für die Beiträge auf Kontokorrent-Basis und eines geringen Verwaltungsaufwandes mit niedrigen Kosten. Der Vertreter sah seinen Vorteil bei diesem Verfahren in dem ständigen Kundenkontakt bei der Beitragszahlung und in der hohen Reputation bei seiner örtlichen Bank, da stets große Geldmengen über sein Konto bewegt wurden.

Diese Vorteile wurden durch die Automatisierung des Zahlungsverkehrs in den letzten zwanzig Jahren weitgehend aufgehoben. Für das Unternehmen ergab sich der Nachteil, daß es die Beiträge zu spät erhielt (mit entsprechenden Zinsverlusten) und daß keine Kontrolle über den Geldeingang eines einzelnen Vertrages im Schadensfall vorhanden war. Der Kunde sah in dem Vertreter zunehmend den Geldeintreiber und nicht den Berater in Versicherungsfragen, und der Vertreter hatte bei vielen Kunden nicht mehr den erhofften Kontakt, da sie das Geld überwiesen oder den Vertreter drängten, die Beiträge per Lastschrifteinzugsverfahren abzubuchen. Für die Vertreter kam als Nachteil der hohe Arbeitsaufwand hinzu, der sich wegen der Vertragsfälligkeiten meist auf die Zeit zwischen Weihnachten und Neujahr konzentrierte. Das entscheidende Argument für Überlegungen, das vorhandene Inkasso-Verfahren aufzugeben, war aber die Tatsache, daß sich für neue Geschäftsgebiete außerhalb von Nordrhein-Westfalen und Niedersachsen keine Vertreter fanden, die zu einem Kassieren und Abrechnen der fälligen Beiträge bereit waren.

Diese Situation führte zu Überlegungen, das vorhandene Vertreter-Inkasso-System durch ein Direkt-Inkasso-System abzulösen, d. h.

Organisation von Vertreter-Inkasso
Zentrale
Vertrags-Verwaltung
Schaden-bearbeitung
zentrale Dienste
Rechnungs-wesen
Anträge
Schaden-meldung
Verträge Rechnungen
Beiträge
Außen-dienst
Leistungen
Anträge
Schaden-meldung
Verträge Rechnungen
Beiträge
Kunde

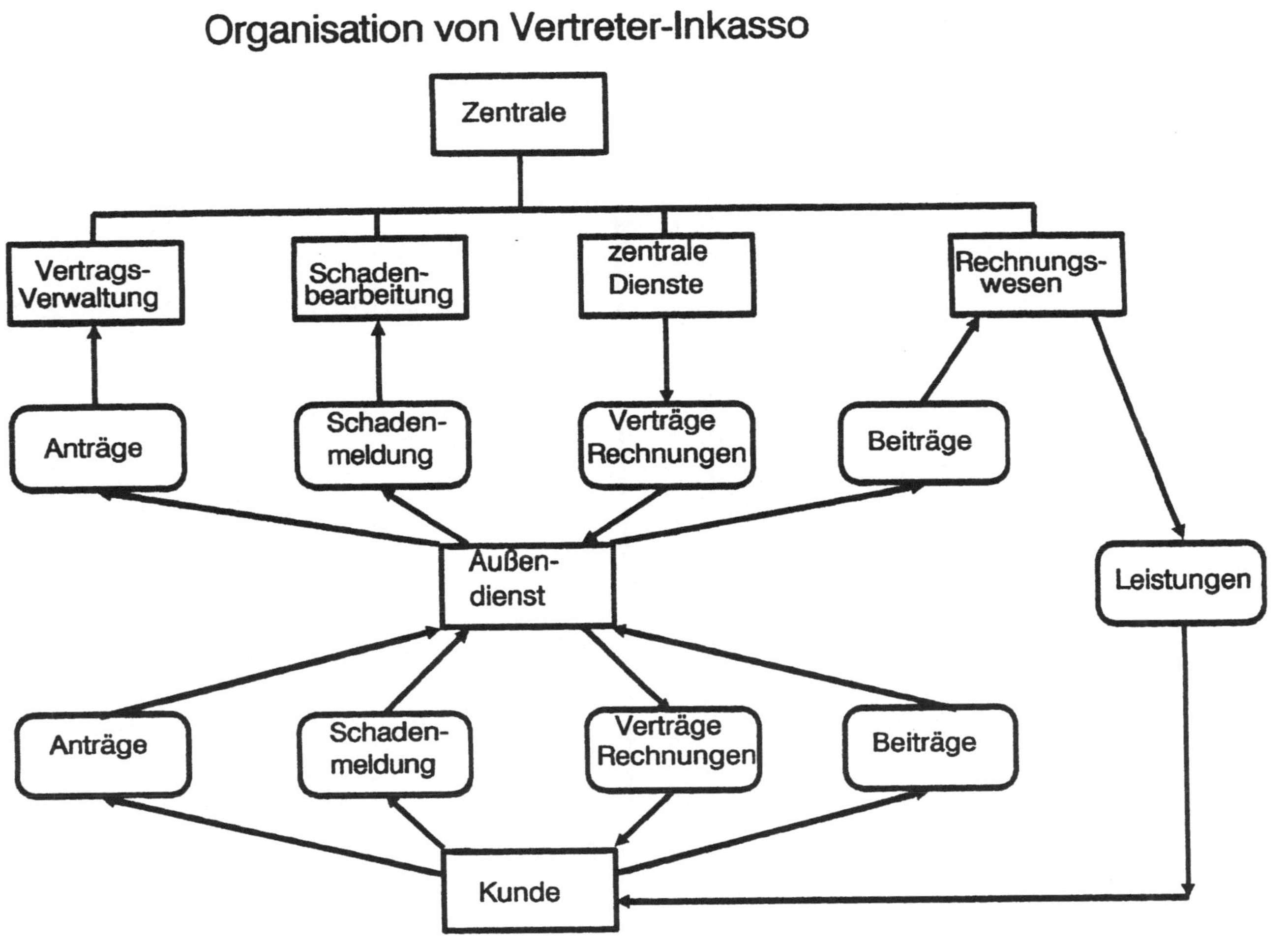

Abb. 1

künftig nicht mehr die Vertreter die Beiträge kassieren zu lassen, sondern den Versand der Beitragsrechnungen und das Kassieren der Beiträge zentral durch die Muttergesellschaft durchführen zu lassen (siehe Abb. 2).

Das Projekt Direktinkasso hatte mehrere Ziele:

1. Entlastung der Vertreter von der Arbeit des Versendens der Vertragsdokumente und des Kassierens der Beiträge. Diese Entlastung sollte zu einer verstärkten Konzentration der Vertreter auf ihre eigentliche Aufgabe, die Beratung der Kunden, führen.

2. Einsparung von Kosten. Dies sollte dadurch erreicht werden, daß die neu eingerichtete Abteilung Direktinkasso soweit wie möglich DV-gestützt arbeitete. Ein weiterer Einsparungseffekt wurde durch einen Zinsgewinn erwartet, da die Beiträge mit dem neuen Verfahren nicht erst beim Vertreter landeten, der sie dann weiterleitete, sondern direkt an die Muttergesellschaft gezahlt wurden.

3. Gewinnung zusätzlicher Vertreter für neue Gebiete in den südlichen Bundesländern, um das Geschäftsgebiet bundesweit auszubauen.

4. Reduzierung der Fehlerraten durch weitgend EDV-gestützte Sachbearbeitung und ein funktionierendes internes Kontrollsystem.

5. Realisierung eines Direkt-Inkasso-Systems innerhalb der Frist von 14 Monaten.

Wie in dem Unternehmen üblich, wurde das System von den Mitarbeitern der EDV-Abteilung zusammen mit denen der Betriebsorganisation hergestellt. Neu war, daß in diesem Projekt externe Berater beteiligt waren.

Randbedingung war eine Amortisation innerhalb von fünf Jahren.

2. Organisationsstruktur für das Projekt

Der mit der Projektleitung beauftragte Systemanalytiker war erst frisch vom Vorstand gegen den Willen des DV-Leiters (der, wie sich später herausstellte, einer der stärksten Gegner des Projektes war) in das Unternehmen geholt worden. Der Projektleiter forderte als Bedingung für die Projektleitung die Einführung eines Projektmanagement-Systems für dieses Projekt. Aus diesem Grund wurde ein Projektmanagement-System gekauft und das Projekt Direktinkasso zum

Organisation von Direkt-Inkasso
Zentrale
Vertrags-Verwaltung
Schaden-bearbeitung
zentrale Dienste
Rechnungs-wesen
Anträge
Schaden-meldung
Verträge Rechnungen
Beiträge
Leistungen
Außen-dienst
Anträge
Schaden-meldung
Kunde

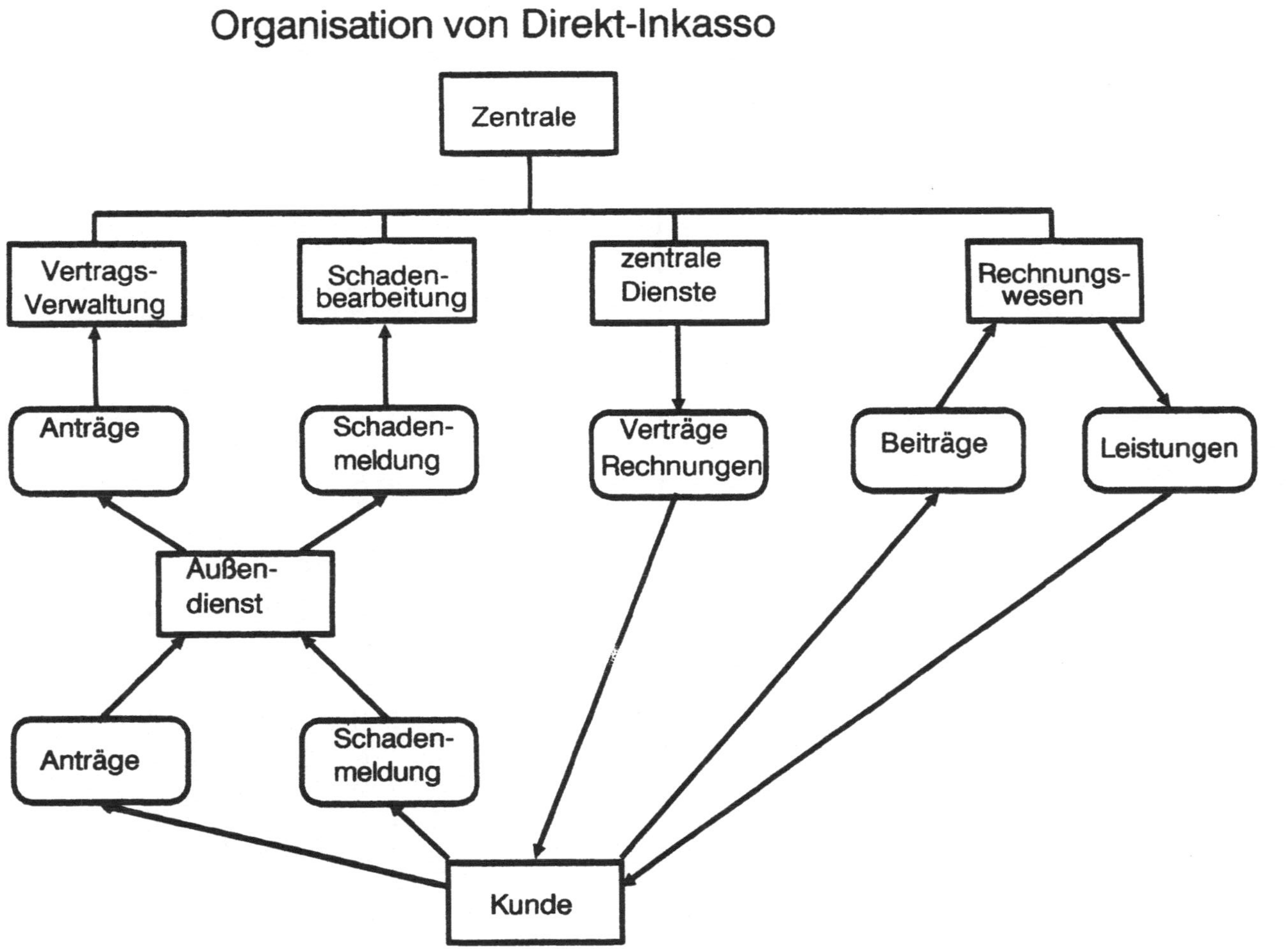

Abb. 2

Pilotanwender bestimmt. Dieses Projektmanagement-System beinhaltet sowohl die Ablauf- als auch die Aufbauorganisation von Projekten. In der Ablauforganisation hat es seine Stärken im Berücksichtigen der Aktivitäten für die Betriebsorganisation im Phasenmodell, in der Aufbauorganisation ist die Benutzerpartizipation vorgegeben.

Die Aufbauorganisation hatte folgende Struktur (siehe Abb. 3):

- Projekt-Führungsteam, bestehend aus den betroffenen Vorständen

- Projekt-Ausschuß, bestehend aus den Leitern der betroffenen Abteilungen

- Projekt-Koordinator

- Projekt-Leiter (er untersteht sowohl dem Projekt-Ausschuß als auch dem Projekt-Koordinator)

- Projekt-Team, bestehend aus Mitarbeitern von EDV, Organisation und Fachabteilung.

Jede der in der Projektorganisation beteiligten Gruppen hatte ihre spezifischen Aufgaben. Während das Projekt-Führungs-Team für die Überwachung der Ziele verantwortlich war (qualitativer Nutzen, Wirtschaftlichkeit), waren die Vertreter der betroffenen Abteilungen im Projekt-Ausschuß für die fachliche Abnahme des Projektes verantwortlich (Einbindung in die vorhandene Organisation, sachliche Richtigkeit der Lösung). Dem Projekt-Ausschuß war ein Projekt-Koordinator zur Seite gestellt, der das Projekt technisch überwachte. Er war verantwortlich für die Überwachung des Projekt-Fortschritts, für die technische Lösung der Schnittstellen, für die Einhaltung von Normen und Standards und für die technische Abnahme des Projekts.

Die Aktivitäten in einem Projekt werden nach dem eingesetzten Projektmanagement-System in System-Aktivitäten (die das System erstellen) und Projekt-Aktivitäten (die zur Leitung des Projektes dienen) unterteilt. Der Projektleiter führte die Projekt-Aktivitäten durch und übernahm die Koordination und Überwachung der System-Aktivitäten, die von der Projekt-Gruppe durchgeführt wurden.

Projekt- Aufbauorganisation nach PROMPT II

Projekt-Führungs-Team
Verantwortliche Vorstände
- Überwachung der Ziele

Projekt-Ausschuß
Vertreter der betroffenen Abteilungen
- fachliche Abnahme

Projekt-Koordinator
- Projekt-Fortschritt
- Schnittstellen
- Normen und Standards
- technische Abnahme

Projekt-Leiter
- Überwachung und Koordination
  aller System-Aktivitäten
- Durchführung der
  Projekt-Aktivitäten

Projekt-Gruppe
Mitarbeiter der betroffenen Abteilungen
EDV-Fachkräfte
Organisatoren
- Durchführung der Systemaktivitäten

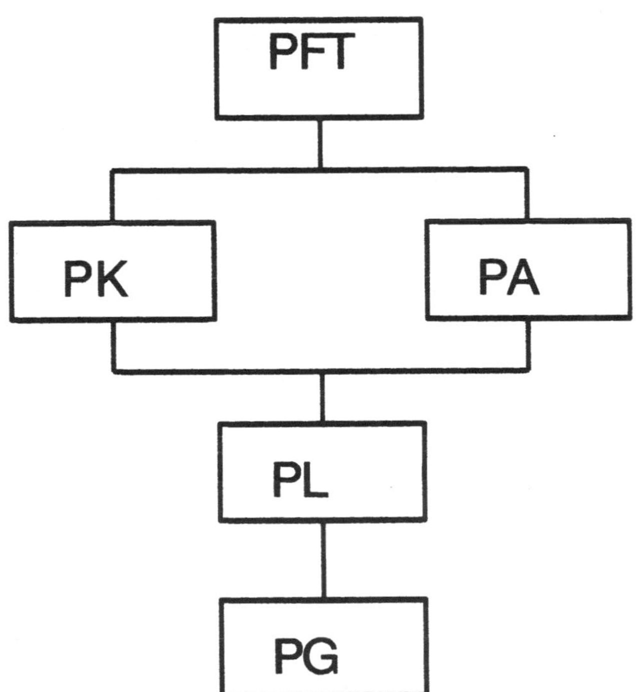

Abb. 3

Die Ablauforganisation hatte die folgenden Phasen (siehe Abb. 4):

- Vorstudie

- Grobentwurf

- Detailentwurf

- Entwicklung

- Einführung

- Produktion.

Die wesentlichen Ergebnisse der einzelnen Phasen sind aus Abb. 4 ersichtlich.

Ein weiterer Bestandteil von PROMPT II war ein Berichts- und Formularwesen, das einen Vergleich von gleichzeitig laufenden Projekten ermöglichte. Zentrales Formular war der Aktivitätenplan, der sowohl zur Planung der einzelnen Aktivitäten (incl. Aufwandschätzung) als auch zur Kontrolle des Fertigstellungsgrades diente. In Abb. 5 ist ein Blatt des Aktivitätenplans des beschriebenen Projektes abgebildet. Weitere wichtige Formulare waren der Projekt-Status-Bericht und der Phasen-Budget-Plan.

3. Zeitlicher Ablauf

Vom Vorstand vorgegeben war eine Projektdauer von 14 Monaten (siehe Abb. 6). Dies war für ein System in dieser Größenordnung ungewöhnlich kurz (die Konkurrenzunternehmen benötigten meist 4 - 5 Jahre). Aus diesem Grund entschloß sich der Projektleiter, das Projektteam vom ersten Tag des Grobentwurfs an in voller Größe bereitzuhalten. Die DV-Mitarbeiter, die nicht am Grobentwurf beteiligt waren, führten schon Änderungen in den Programmen der Schnittstellensysteme (Vertreter-Abrechnungs-System, Versicherungs-Dialog-Systeme, Leistungs-Dialog-Systeme) durch und implementierten diese. Diese Änderungen waren einfach, da sie im Detail früh feststanden, aber umfangreich wegen der Zahl der betroffenen Programme (ca. 20 TP-Programme). Dieses Vorgehen zeigt, daß das Phasenmodell vom Projektleiter zwar im Prinzip eingehalten, aber aus pragmatischen Gründen zuweilen vernachlässigt wurde.

Projekt-Ablauforganisation nach PROMPT II

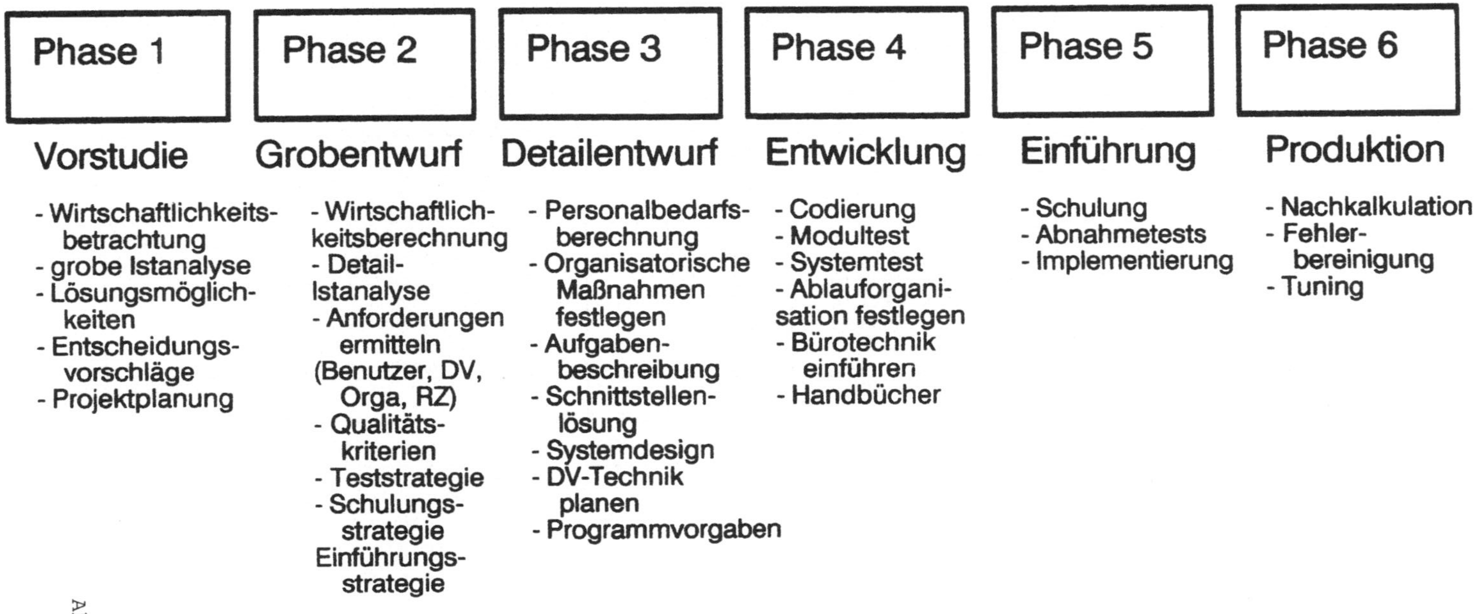

Phase 1	Phase 2	Phase 3	Phase 4	Phase 5	Phase 6
Vorstudie	Grobentwurf	Detailentwurf	Entwicklung	Einführung	Produktion

- Wirtschaftlichkeits-
  betrachtung
- grobe Istanalyse
- Lösungsmöglich-
  keiten
- Entscheidungs-
  vorschläge
- Projektplanung
	- Wirtschaftlich-
	  keitsberechnung
	- Detail-
	  Istanalyse
	- Anforderungen
	  ermitteln
	  (Benutzer, DV,
	  Orga, RZ)
	- Qualitäts-
	  kriterien
	- Teststrategie
	- Schulungs-
	  strategie
	  Einführungs-
	  strategie
		- Personalbedarfs-
		  berechnung
		- Organisatorische
		  Maßnahmen
		  festlegen
		- Aufgaben-
		  beschreibung
		- Schnittstellen-
		  lösung
		- Systemdesign
		- DV-Technik
		  planen
		- Programmvorgaben
			- Codierung
			- Modultest
			- Systemtest
			- Ablauforgani-
			  sation festlegen
			- Bürotechnik
			  einführen
			- Handbücher
				- Schulung
				- Abnahmetests
				- Implementierung
					- Nachkalkulation
					- Fehler-
					  bereinigung
					- Tuning

Abb. 4

Aktivitätenplan   Dok.-Nr. : TSOA14.PLANUNG(AKTIPLAN)
Projekt : Direkinkasso   Seite : 2
Phase : Entwicklung   Datum : 1. 4. 83
P.-Leiter : Naumann   Änd.-Dat.: 21.12.83   Änd..-Nr.: 52
Autor : Otto   Abteilung: EDV

Aktiv.-Typ	Aktivitäten	Soll Mann-tage	Wer	Ziel-Termin Geplant	Beginn	Ziel-Termin Ist	Ist Mann-tage	Fertigstellung % Zeit	% Ist
4.2.7.1	**BR-Programme**								
4.2.7.1.1	BR-Programme K Neu	20	Müller	01.08.83	27.06.83	20.07.83	31,6	158,0	100
4.2.7.1.2	BR-Programme AU	5	Heinze	15.11.83	01.11.83	29.11.83	2,8	56,0	100
4.2.7.1.3.	BR-Programme Sach	5	Müller	01.07.83	24.06.83	26.07.83	15,0	300,0	100
4.2.7.1.4	BR-Programme Tier	5	Heinze	01.11.83	18.10.83	25.10.83	4,1	82,0	100
4.2.7.1.5	BR-Programme AH	15	Schulz	15.11.83	01.10.83	01.11.83	18,5	123,3	100
4.2.7.1.7	BR-Programme LRM	5	Müller	22.07.83	15.07.83	29.07.83	10,8	216,0	100
4.2.7.1.8	BR/VS-Programme VSV	5	Thiel	09.09.83	02.09.83	11.09.83	3,8	76,0	100
4.2.7.2	**VS-Programme**								
4.2.7.2.1	VS-Programme K	7,5	Thiel	05.08.83	22.07.83	11.08.83	15,6	208,0	100
4.2.7.2.2	VS-Programme AU	5	Heinze	12.08.83	05.08.83	17.08.83	7,1	142,0	100
4.2.7.2.4	VS-Programme Sach	5	Koch	30.09.83	19.09.83	30.09.83	10,0	200,0	100
4.2.7.2.5	VS-Programme AH	5	Koch	15.10.83	01.10.83	10.10.83	8,0	160,0	100
4.2.7.2.7	VS-Programme LRM	5	Thiel	16.09.83	09.09.83	22.09.83	6,3	126,0	100
4.2.7.3	**Karteikarten-Programme**								
4.2.7.3.1	Karteikarten-Programme K	7,5	Thiel	16.09.83	01.09.83				
4.2.7.3.2	Karteikarten-Programme AU	5	Thiel	23.09.83	16.09.83				
4.2.7.3.3	Karteikarten-Programme Tier	5	Thiel	30.09.83	23.09.83				
4.2.7.3.4	Karteikarten-Programme Sach	5	Müller	23.09.83	16.09.83				
4.2.7.3.5	Karteikarten-Programme AH	5	Müller	30.09.83	23.09.83				
4.2.7.3.6	Karteikarten-Programme VSV	5	Thiel	08.10.83	01.10.83				
4.2.7.3.7	Karteikarten-Programme LRM	5	Müller	08.10.83	01.10.83				
4.2.7.3.8	Zahlungsträgerblatt	5	Thiel	06.01.84	12.12.83	21.12.83	5,4	108,0	100
4.2.8	Pflege BVB -DB	20	Thiel	10.06.83	01.05.83	11.07.83	25,3	126,5	100
4.2.9	TP-INK-Steuer-DB-Pflege	20	Thiel	20.07.83	10.06.83	20.07.83	22,6	113,0	100
4.2.10	Lastschrifteinzug	25	Thiel	01.09.83	20.07.83	19.08.83	24,3	97,2	100
4.2.11	TP-Bestandsanzeige DI-KZ	45	Schulz	01.05.83	01.03.83	15.04.83	39,4	87,5	100

Abb. 5

Geschichte des Projektes Direktinkasso

- 10 Jahre   erster Start eines Direktinkasso-Projektes
Nach 3 monatiger Durchführbarkeitstudie
Einstellung der Arbeiten. Jährliche Wiederholung
dieser Prozedur.

- 5 Monate   Eintritt eines neuen EDV-
Vorstands in das Unternehmen

- 2 Monate   Einstellung eines neuen
Systemanalytikers

0 Monate   Beginn einer neuen Vorstudie
Ernennung des neuen System-
Analytikers zum Projektleiter
geplante Projektdauer: 14 Monate

1 Monat   Freigabe der Vorstudie
Beginn des Grobentwurfs
Verlängerung der Projektdauer
um 3 Monate

3 Monate   Freigabe des Grobentwurfs
Beginn des Detailentwurfs
Beginn der Umstellungen für
Schnittstellenprogramme

6 Monate   Freigabe des Detailentwurfs
Beginn der Programmierung

8 Monate   Besprechung des "Bedenken-
katalogs" der Fachabteilungen

12 Monate   Beginn des Systemtests

14 Monate   Einführungstermin um weitere
2 Monate verschoben

19 Monate   Installation mit 2% des geplanten
Bestandes

31 Monate   erste Erweiterung des Bestandes

38 Monate   weitere regelmäßige Erweiterungen
des Bestandes

Zu Beginn der Phase "Entwicklung" wurde das Projekt verzögert. Dies hatte seine Ursache in einem Aufbegehren aller Abteilungsleiter des Unternehmens gegen das neue Verfahren. Man war sich einig, daß ein Direktinkasso-System nicht zur Unternehmenskultur passe und deshalb dem Unternehmen großer Schaden zugefügt werden könne. Die Abteilungsleiter hatten ihre Einwände in einem "Bedenkenkatalog" gesammelt und dem Vorstand vorgelegt. Bis zur Klärung der Frage, ob das Projekt fortgeführt werden solle, wurden einige Projekt-Mitarbeiter für ähnliche, aber projektfremde Aufgaben eingesetzt. Der Projektleiter mußte in einer Sondersitzung des Vorstandes, zu der alle Abteilungsleiter und Hauptabteilungsleiter eingeladen worden waren, Rede und Antwort stehen und erklären, wie bestimmte Spezialprobleme der einzelnen Abteilungen, die in dem "Bedenkenkatalog" dokumentiert waren, mit dem neuen Verfahren zu lösen waren. Bis hierher waren bereits acht Monate der Projektlaufzeit vergangen.

Zu diesem Zeitpunkt mußte auch ein Programmierer aus dem Projekt versetzt werden, da sich herausgestellt hatte, daß er trotz fast zehnjähriger Tätigkeit nicht fähig war, nach Vorgaben zu programmieren, was bei der bis dahin üblichen Vorgehensweise ohne Phasenkonzept und regelmäßiger Fortschrittskontrolle nicht aufgefallen war; er hatte stets einen der 60 Programmierer gefunden, der ihm sein Programm aus Gefälligkeit geschrieben hatte.

Nach 14 Monaten wurde der Paralleltest zur Einführung gestartet, der sich als sehr schwierig erwies. Der Grund lag an der Fülle der Schnittstellen, die das neue System in unterschiedlichem Rhythmus bedienten. Deshalb wurden zwei externe Mitarbeiter zur Koordination des Systemtests abgestellt.

Obwohl sich die Fachabteilungen immer noch sperrten, wurde das System nach 19 Monaten mit einem kleinen Bestand von Verträgen eingeführt, was eine Terminüberschreitung von 35% bedeutet.

4. Aufwand

Der Software-Entwicklungsaufwand wurde nach Prompt II geschätzt. Dieses Verfahren setzt nach der Phase "Grobentwurf" auf und basiert auf dem in Abb. 5 dargestellten Aktivitätenplan. Die Schätzung erfolgt nach dem Aufstellen der einzelnen Aktivitäten aufgrund der Erfahrung des Projektleiters. Er weist anschließend den einzelnen Projektmitarbeitern die Aktivitäten zu und weist diese Mitarbeiter grob in das Aufgabengebiet ein. Die Mitarbeiter haben nun die Möglichkeit, eine Korrektur des vorgegebenen Schätzwertes vorzuschlagen. Dieser mit den Mitarbeitern abgestimmte Wert gilt dann als Schätzwert und bildet die Basis für die weitere Planung.

Nach dieser Methode wurde der reine Arbeitsaufwand auf 200 MM mit einem Budget von DM 1,5 Mio. geschätzt. Zur Abschätzung der Amortisation wurde zunächst eine Wirtschaftlichkeitsberechnung durchgeführt unter Annahme von Rahmenbedingungen wie z. B. langfristige Beteiligung des Vertrags-Bestandes, Anteil der Zahlungen per Lastschrift-Einzugsverfahren, Anteil der Zahlungen per Klarschriftlesebelege, Zinssatz usw. Die vielen Änderungswünsche der Rahmenbedingungen durch mehrere Abteilungsleiter und Vorstandsmitglieder veranlaßten den Projektleiter, ein kleines Programm zu schreiben, das die Durchführung von Wirtschaftlichkeitsanalysen mit der Kapitalwertmethode von mehreren Tagen auf eine Stunde reduzierte. Von den vorgelegten zehn Wirtschaftlichkeitsberechnungen wurde schließlich eine gewählt, von der alle Beteiligten glaubten, daß sie der Entwicklung am nächsten käme. Die geschätzten Soll-Werte dieser Wirtschaftlichkeitberechnung sind in Tab. 1 dargestellt.

Der tatsächliche Aufwand lag bei 200 MM mit Kosten von ca. DM 1,6 Mio., bedingt durch den Einsatz von externen Mitarbeitern. Die Ist-Werte aus der Nachkalkulation sind ebenfalls in Tab. 1 aufgeführt.

Wie aus Tab. 1 zu ersehen ist, sind einige Positionen in der Schätzung zu groß ausgefallen, dafür waren andere Positionen nicht berücksichtigt worden. Als Beispiel einer zu hoch angesetzten Position ist die Poststraße mit ihren Nebenkosten anzusehen. Das liegt daran, daß der EDV-Leiter dieses Gerät nicht in seinem Bereich haben wollte und deshalb bei der Aufstellung der Wirtschaftlichkeitsberechnung dafür sorgte, daß möglichst pessimistische Werte angenommen wurden. Auch die Personalkosten der DI-Abteilung wurden zu hoch eingeschätzt.

Dagegen wurden andere wichtige Positionen in der Schätzung nicht bedacht, da das Konzept der Organisation noch nicht weit genug fortge-

<u>Tabelle 1: Posten der Wirtschaftlichkeitsberechnung für das</u>
<u>Projekt Direkt-Inkasso in DM</u>

Posten	Soll(geschätzt)	Ist(Nachkalkulation)
einmalige beschäftigungsunabhängige Kosten		
Entwicklungskosten	1.500.000	1.626.343
Speicherplatz	238.351	
Poststraße incl.	735.000	236.138
Transportgeräte		
Mikrofilmgeräte		61.334
Ausstattung		
Übernahmestelle		205.032
einmalige beschäftigungsabhängige Kosten		
Speicherplatz		1.017.890
Bildschirme	270.000	50.880
Möblierung	157.500	72.000
laufende beschäftigungsunabhängige Kosten		
Speicherwartung	5.304	
Bildschirmwartung		3.840
Poststraße	139.000	9.210
Personal EDV	52.986	192.000
Leiter DI-Stelle	55.972	57.393
Übernahmestelle		1.088.702
laufende beschäftigungsabhängige Kosten		
Kosten Großrechner	210.608	244.568
Personal Poststraße	110.000	54.407
Personal DI-Abt.	1.801.534	860.898
Briefumschläge	94.500	94.500
Porto	4.500.000	4.500.000
Buchungsgebühren	150.000	480.000
sonstige Kosten	850.000	850.000
laufende Erträge		
Einsparung Provision	7.200.000	8.572.830
Zinsertrag	959.790	32.064
Porto VI	767.000	767.000
Personalkosten VI	591.002	892.698

schritten war. Hier seien die Kosten für die Übernahme neuer Vertreter genannt und die Kosten für die Mikroverfilmung der Zahlungsbelege.

Ein typischer Fehler, der bei der Schätzung der laufenden Kosten stets auftritt, ist die Fehleinschätzung der Wartungskosten. Es wurde zu fast 300% mehr Personal in der EDV für die Wartung benötigt, als ursprünglich geschätzt.

Der Zinsertrag fiel mit DM 32.064 erheblich niedriger aus, als er vorher geschätzt wurde (DM 959.790). Die Ursache hierfür liegen in der nicht sehr großen Beteiligung der Kunden im Lastschrift-Einzugsverfahren, in der kundenfreundlichen Regelung des Lastschrift-Einzugsverfahrens (der Kunde hat die Möglichkeit, daß die Beiträge statt zum 1. erst zum 15. des Monats abgebucht werden) und in der Tatsache, daß die Beitragsabführung der Vertreter im alten System besser funktionierte als angenommen wurde.

Die Wirtschaftlichkeit wurde sowohl bei der Voruntersuchung als auch bei der Nachkalkulation nach der Kapitalwertmethode durchgeführt. In beiden Fällen wurde von einer Beschäftigung (d.h. Anteil der Verträge im Direktinkasso) von 70 % ausgegangen. Der Betrachtungszeitraum für die Wirtschaftlichkeitsberechnung war jeweils fünf Jahre. Es zeigte sich, daß das Projekt in der Voruntersuchung zu optimistisch geschätzt wurde. Nach dem fünften Jahr sollte ein geschätzter Überschuß von DM 2.191.623 erwirtschaftet sein. Dem stand ein tatsächlicher Überschuß von nur DM 1.046.210 gegenüber, d.h. es wurde durch das Projekt nur ca. die Hälfte des vorher geschätzten Überschusses erwirtschaftet.

5. Eingesetzte Methoden

Beim Einsatz von Methoden mußte wegen der Ausbildung des DV-Entwicklungsteams behutsam vorgegangen werden. In dem Unternehmen wurden bis zu diesem Zeitpunkt die DV-Mitarbeiter aus den Fachabteilungen angeworben und zu Programmierern umgeschult. Die Umschulung erfolgte zweigleisig durch ein Training-on-the-job in der DV-Abteilung und durch externe Seminare. Die Zielumgebung aller Systeme war IBM MVS/XA mit IMS/DC als Dialog-System, IMS/DB (DL/1) als hierarchisches Datenbanksystem und PL/1 als Programmiersprache. Entwickelt wurde auf einem Testrechner unter TSO/ISPF. Die Struktur der DV-Mit-

arbeiter ließ es nicht ratsam sein, nach dem Einsatz des Projektmanagement-Systems mit einer Vielzahl von Plänen, Formularen und Standards weitere neue Methoden einzusetzen. Es war wichtiger, eine hohe
Produktivität und Motivation im Projekt zu haben.

Der Aufwand wurde am Ende der Voruntersuchung nach PROMPT II geschätzt (s. o.).

Der "Grobentwurf" und der "Detailentwurf" wurden nach HIPO durchgeführt, wobei die Abstimmung mit dem Benutzer über Datenfluß-Dia-
gramme, Listen-Entwürfe und Masken-Entwürfe geschah. Es wurde die
HIPO-Methode der IBM genommen, da diese in einem anderen Projekt
schon einmal erfolgreich eingesetzt worden war. Aus diesem Grund war
mit einer schnellen Akzeptanz der Methode zu rechnen, die keinen grossen Lernaufwand (verglichen mit SADT, JSD, SA/SD usw.) erfordert.

Der Test wurde bei geänderten Programmen mit Echtdaten im Paralleltest durchgeführt, bei neuen Programmen mit Testdaten der Programmierer.

Zur Übergabe an den Systemtest mußte jedes Programm von zwei Programmierern abgezeichnet werden, wobei der zweite Programmierer für
die Qualitätssicherung durch statische Analyse und die Überprüfung des
Modultests verantwortlich war.

6. Das Resultat

Das Direktinkasso-System hatte einen Umfang von 120 PL/1 Programm-
men von insgesamt ca. 78.000 LOC. Hiervon waren 90 Batchprogramme
und 30 TP-Programme. Hinzu kommen die oben erwähnten Änderungen in
anderen Systemen im Umfang von insgesamt 15.000 LOC in 30 Batch-
und TP-Programmen. Für dieses Projekt wurden 12 DL/1-Datenbanken
neu implementiert. Hinzu kommen auch hier Schnittstellen-Datenbanken
und -Dateien (ca. 30).

7. Spezielle Probleme

Das Projekt fand in einem sehr schwierigen unternehmenspolitischen
Umfeld statt. Aus diesem Grund gab es von Anfang an Schwierigkeiten
mit den Fachabteilungen. Der Projektleiter mußte in der wöchentlichen

Projektteam-Besprechung stets Lösungen für die Fachabteilungen finden und Lösungsvorschläge verteidigen, während die Fachabteilungs-Mitarbeiter keine konstruktiven Beiträge leisteten. Dieses Problem setzte sich bis weit in die Einführungsphase durch und ging bis zum Boykott der Verfahrensvorschriften. Erst ein Erfahrungsaustausch der Direktinkasso-Abteilung mit anderen Unternehmen brachte dem Projekt Anerkennung aus dieser Abteilung, weil gesehen wurde, daß das eigene System den Systemen der Konkurrenten in Komfort und Bedienerfreundlichkeit weit überlegen war.

Heute (6 Jahre nach der Einführung) ist das gesamte Unternehmen stolz auf sein fortschrittliches System; von den Schwierigkeiten ist wenig in Erinnerung geblieben.

Positiv war von Anfang an das sehr gute Klima zwischen den DV- und Organisations-Mitarbeitern, ohne das das Projekt nie zum Erfolg geworden wäre. Diese Mitarbeiter waren sehr motiviert (Kampfgemeinschaft), und jeder war mit Arbeit mehr als ausgelastet. Überstunden und Wochenendarbeit wurden in den heißen Phasen mit Engagement geleistet. Die Programmierer waren je zu Zweier-Teams zusammengefaßt. Jedes Zweier-Team hatte ein Sub-Projekt abzuliefern. Diese Teams waren nach den Gesichtspunkten zusammengestellt worden:

-    ein Junior-Programmierer und ein Senior-Programmierer

-    ein Unternehmens-Neuling und ein "alter Hase".

Bei der Bildung der Teams wurde darauf geachtet, daß jedes Team einen Senior-Programmierer und einen "alten Hasen" hatte, wobei der "alte Hase" auch ein umzuschulender Fachabteilungsmitarbeiter sein konnte. Das Wesentliche war die Kenntnis des Unternehmens mit seinen Eigenheiten.

Die Einbeziehung der Mannschaft in die Verteilung der Aufgaben und die Aufwandschätzung ab der Entwurfs-Phase führte zu einer Akzeptanz des Kontroll-Systems.

Als externe Mitarbeiter von Beratungsunternehmen wurden nur hervorragende Organisationsprogrammierer genommen, die dann von den internen wegen ihres Wissens und der Weitergabe des Wissens auch akzeptiert wurden.

8. Erfahrungen bezüglich Fehlern und Wartung

Wegen der mangelnden Akzeptanz gab es eine Fülle von Fehlern, die aus der Fehlbedienung des Systems resultierten. Da die DV-Mitarbeiter, die für die Schnittstellen-Systeme verantwortlich waren, mit Unterstützung des DV-Leiters Plausibilitätsprüfungen in ihren Systemen ablehnten, kamen viele fehlerhafte Daten in das System.

Ein weiteres Problem war die Transparenz des neuen Systems, die von der Unternehmensleitung und dem Leiter der Finanzbuchhaltung gefordert worden war. Das neue System deckte jeden Fehler spätestens am nächsten Tag auf, während das alte System darauf baute, daß der Vertreter die Fehler schon finden würde. Dies zwang die Fachabteilungsmitarbeiter zu genauem Arbeiten, was bis dahin für viele ungewohnt war. So war es wegen der allgemeinen Stimmung gegen das System zunächst einfach, Fehlermeldungen als Fehler des Systems zu deklarieren und von den eigenen Fehlern abzulenken.

Im Rechenzentrum ergaben sich wegen der bis dahin unbekannten Komplexität des Systems Probleme. Es wurden z. T. falsche Zwischendateien verarbeitet oder Zwischendateien vertauscht. Diese Fehler verstärkten die Aversion der Fachabteilungen gegen das neue System.

Nach einem halben Jahr wurde ein neues Release wegen der Einführung einer neuen Kundendatenbank freigegeben. Da nicht der angeforderte fähige Arbeitsvorbereiter vom Leiter der EDV für die Release-Umstellung, sondern ein bekanntermaßen unfähiger eingesetzt wurde, wurde der Releasewechsel zum Desaster. Mit Hilfe des Vorstandes und gegen den DV-Leiter wurden unterstützende organisatorische Maßnahmen ergriffen, die die Stellung des Projektleiters stärkten. So mußte er jetzt jede Änderung von Programmen und Prozeduren, die das Direktinkasso-System betrafen, überprüfen und abzeichnen. Auf diese Weise wurde der systematische Test im Unternehmen eingeführt.

Seitdem läuft das System sehr gut und wird in noch größerem Umfang eingesetzt (70%) als ursprünglich geplant.

9. Diskussion der Ergebnisse, Lehren für weitere Projekte

Das Direktinkasso-Projekt hat sowohl dem Projektleiter als auch dem Management des Unternehmens gezeigt, daß die fachliche Richtigkeit einer Entscheidung und die fachlich richtige Umsetzung des Konzeptes in eine DV-Lösung noch nicht zu einem guten, funktionstüchtigen System führt. Die Mitarbeiter des Unternehmens hatten aus den vielen Anläufen zur Einführung eines solchen Systems die Erfahrung gewonnen, daß es stets zu verhindern sei, wenn man es nur wolle. Erst die wiederholte Schulung und die Klarheit, daß diesmal kein Weg an dem System vorbeiführt, brachte die nötige Bereitschaft, sich mit dem System fachlich zu beschäftigen. Die fachliche Auseinandersetzung mit dem neuen System führte dann schließlich zur Akzeptanz.

Diese Projekt hatte viele Lehren für den Projektleiter:

- Die Mannschaft stets so klein wie möglich wählen

Durch die leichte Überlast, die von Anfang an von dem Projektteam gespürt wurde, wurde eine hohe Produktivität erreicht. Außerdem wurde durch das relativ kleine Projektteam der Kommunikationsaufwand verringert.

- Teambildung der Programmierer zu kleinen Arbeitsgruppen

Durch die Teambildung für Teilprojekte wurde fachliche Verantwortung delegiert und dadurch eine weitere Motivation der Mitarbeiter erreicht. Durch die Mischung der Erfahrungen der Mitarbeiter in den Teams konnten diese für die Lösung ihrer Probleme lange ohne zusätzliche Kommunikation mit anderen Teams auskommen, was den Aufwand günstig beeinflußte.

- wöchentliche Projektsitzung mit allen Projekt-Gruppen-Mitgliedern

Durch die wöchentliche Projektsitzung mit der Diskussion des Projektfortschritts wurde eine Transparenz des Projektes für alle Mitarbeiter geschaffen. Probleme allgemeingültiger Art konnten hier zumindest in den Ansätzen gelöst werden.

- Projektdauer nicht über zwei Jahre

Durch die überschaubare Projektdauer konnte erreicht werden, daß nicht
andere Projekte, deren Schnittstellen noch unbekannt waren, vor der
Einführung des Direktinkasso-Systems fertig wurden. Auch dies führt zu
geringeren Aufwänden.

- Umgang mit Vorgesetzten, die das Projekt blockieren (lernen, den
  Vorgesetzten zu führen)

Als Projektleiter muß man universelle Personalführungs-Eigenschaften
und ein feines unternehmenspolitisches Gespür haben. Diese Eigenschaften sind zusammen mit Verhandlungsgeschick wichtiger als alle Fach-
kenntnisse. Nur wenn man sich von Autoritätsgläubigkeit löst und die
Schwächen der Vorgesetzten erkennt, kann man diese so lenken, wie es
für den Projektfortschritt nötig ist. Damit kein Mißverständnis entsteht: Es geht nicht darum, ein gewissenloser Technokrat zu sein, sondern um das Durchsetzen eines als vernünftig erachteten Projektes.

- Einbindung nur von hochkarätigen externen Mitarbeitern

Unter den Unternehmensberatern gibt es mehr Scharlatane als seriöse
Firmen. Oft werden Berufsanfänger als sogenannte Experten in die
Unternehmen eingeschleust, die dann dem Management schlechte Lösungen vorschlagen. Der Schaden, den diese Mitarbeiter anrichten, ist deshalb höher als der von neuen internen Mitarbeitern, weil die Unternehmensleitung die Fähigkeiten der externen nicht einschätzen kann. Hoch-
karätige externe Mitarbeiter erkennt man nicht am Preis, sondern an
ihren Referenzen. In dem Direkt-Inkasso-Projekt wurden nur solche
externen Mitarbeiter eingesetzt, die der Projektleiter aus seiner eigenen Zeit als Externer selbst in Projekten kennengelernt hatte. Dieses
vorsichtige Verhalten hat sich ausgezahlt, obwohl ihm selbst bei dieser
Vorgehensweise Enttäuschungen nicht erspart blieben.

Das Fazit dieses Projektes für den Projektleiter:

Viel Arbeit, große nervliche und seelische Belastung und vieles gelernt,
was sich nur durch eigene Erfahrung lernen läßt.

Planung und Realisierung
eines Laborführungssystems

Während in der Ausbildung Software meist als eigenständiges, mit anderen Bereichen nur schwach gekoppeltes Thema erscheint, geht es in der Praxis, vor allem bei technischen Anwendungen, meist um Systeme, in denen die Software den übrigen, meist schon vorhandenen Komponenten angepaßt werden muß. Das hier vorgestellte Projekt aus der chemischen Industrie mit einem Software-Volumen von 2,5 Mannjahren ist dafür typisch.

Zur Unterstützung des Arbeitsablaufes in Betrieben werden verstärkt Betriebsführungssysteme eingesetzt. Für Laborbetriebe werden solche Systeme mit speziellen Funktionen bzgl. Auftrags- und Probenbehandlung benötigt. Generell greifen diese Automatisierungen stark in den Betriebsablauf ein und müssen deshalb sorgfältig geplant, realisiert und eingeführt werden.

Ein solches Laborführungssystem wurde für einen Laborbetrieb geplant und realisiert. Dieses System unterstützt die Registrierung und Prüfung der Proben sowie die Auswertung der Meßdaten. Das Projekt wurde über eine längere Zeit geplant und mit einer erstmals verwendeten Software realisiert. Gravierende technische Besonderheiten traten nicht auf; die Probleme lagen - wie sehr oft - eher im organisatorischen und personellen Bereich.

Der Bericht wird von einem Beteiligten auf der Software-Seite des Projekts gegeben.

1. Einleitung, Ziel und Einbettung des Projektes

In einem Qualitätssicherungslabor wurde die Automatisierung
mit einem Laborführungssystem geplant und realisiert. Die
ständig steigenden Forderungen nach Qualität und insbesonders
nach der Dokumentation dieser Qualitätsdaten erfordern eine
Automatisierung. Das System wurde als integraler Baustein der
Produktion geplant. Besondere Beachtung fanden die später
möglichen Schnittstellen zu anderen DV-Systemen des Werkes.

Die Proben kommen aus der Produktion direkt in das Labor und
sind mit den entsprechenden Informationen über das Produkt,
die produzierende Anlage und den Produktionszeitpunkt versehen. Zuvor ist in einem produktspezifischen Prüfplan festgelegt worden, welchen Prüfungen die Proben zu diesem Produkt
unterzogen werden. Ebenso sind die produktbezogenen Spezi-
fikationsbereiche definiert. Bei der Identifikation der Probe
(Prüfauftrag-Probenregistrierung) wird mit der Information
über das Produkt der Prüfplan automatisch zugeordnet. Die
Prüfungen sind damit festgelegt und die entsprechenden Mess-
werte können der Probe, d.h. dem Prüfauftrag zugeordnet
werden. Als Ergebnis liefert das Labor diese Prüfdaten mit
einer Beurteilung an die Produktion. In regelmäßigen Pro-
duktionsbesprechungen wird der Verlauf der Qualitätsdaten
diskutiert. Hierzu sind tabellarisch und graphisch aufberei-
tete Daten die Basis.

Die Funktionen des Systems sind:
* Registrierung der Proben, Prüfpläne und Stammdaten
* Laborauftragsplanung
* Laborablaufsteuerung
* on-line und off-line Datenerfassung der Prüfwerte
* Auswertung und Berichtswesen
  produkt- und maschinenspezifische Auswertung
* Monats- und Jahresstatistiken
* Archivierung der Qualitätsdaten

2. Organisationsstruktur

An diesem Projekt waren folgende Stellen beteiligt:

Auftraggeber: Leiter der Qualitätssicherungsabteilung
Projektleitung: betreuende ingenieurtechnische Abteilung
Projektabwicklung: ingenieurtechnische Abteilung
(Hardware)
Realisierung: firmeninterne Fachabteilung
(Software)

Der Auftraggeber, das Qualitätslabor, ist Dienstleistungab-
teilung in einem Produktionsbereich. Die betreuende ingenieurtechnische Abteilung ist für die übergeordnete Projekt-
koordination aller in diesem Produktionsbereich laufenden
Projekte verantwortlich. Für die Realisierung bedient sie
sich firmeninterner Fachabteilungen und externer Firmen. Die
realisierende Fachabteilung, auch eine Dienstleistungsabtei-
lung, hat eine Planungsfunktion und die eigentliche Reali-
sierungsfunktion. Je nach Projektumfang und Projekttätigkeit
werden zur Realisierung Softwarefirmen zusätzlich von dieser
Fachabteilung beauftragt. In diesem beschriebenen Projekt
erfolgte die Realisierung ohne eine Beauftragung externer
Softwarefirmen. Die Inbetriebnahme und Einführung des Systems
erfolgte gemeinsam durch die ingenieurtechnische Abteilung
und die firmeninterne Fachabteilung.

In der Anwendungsabteilung war bisher nur an einzelnen
Stellen DV in Form von Arbeitsplatzrechner eingesetzt worden.
Die Person, die diese Systeme pflegte, nahm von Beginn an am
Projekt teil. Die Kenntnis zur Bedienung des neuen Laborführungssystems wurde dadurch frühzeitig vermittelt. Zur Zeit
der Pflichtenhefterstellung wurden nach und nach die Mitarbeiter an den einzelnen Arbeitsplätzen mit in das Automati-
sierungskonzept einbezogen. Bild 1 zeigt die Organisationsstruktur des Projektes.

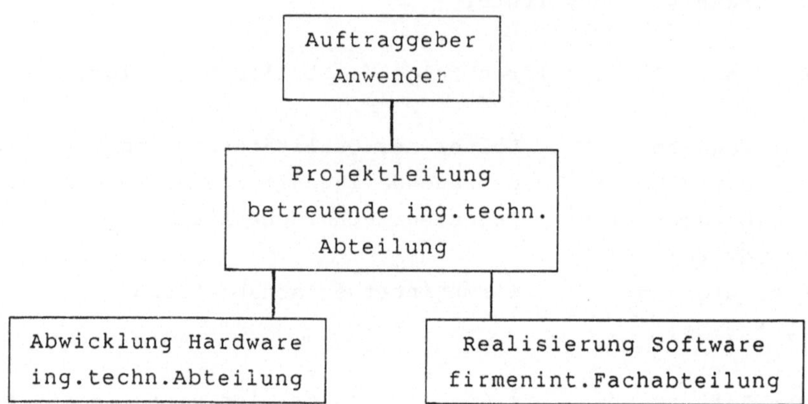

Bild 1: Projektorganisation

3. Zeitlicher Ablauf

Den Anstoß zur Automatisierung des Laborbetriebes kam von der
betreuenden ingenieurtechnischen Abteilung. Über einen längeren Zeitraum (einige Jahre) wurden verschiedene Lösungs-
ansätze betrachtet. Die konkrete Planung zu dem Projekt wurde
Juli 1984 begonnen. Der Anforderungsanalyse folgte die Erarbeitung der Spezifikation ab Dezember 1984. Im Juli 1985
wurden die Kosten des Projekts zusammengestellt und zur Genehmigung bei der Bereichsleitung eingereicht. Nach einigen
Überarbeitungen des Projektantrags erfolgte die Genehmigung
im März 1986. Die Realisierung dauerte danach 20 Monate. In
Bild 2 ist der Projektverlauf mit den einzelnen Aktivitäten
und der Kostenverlauf dargestellt. Nach dem Zeitpunkt der
Projektgenehmigung sind jeweils der geplante und der tatsächliche Zeitbedarf für die einzelnen Realisierungsaktivi-
täten eingetragen. Der Kostenverlauf ist prozentual zu den
Gesamtkosten aufgezeigt.

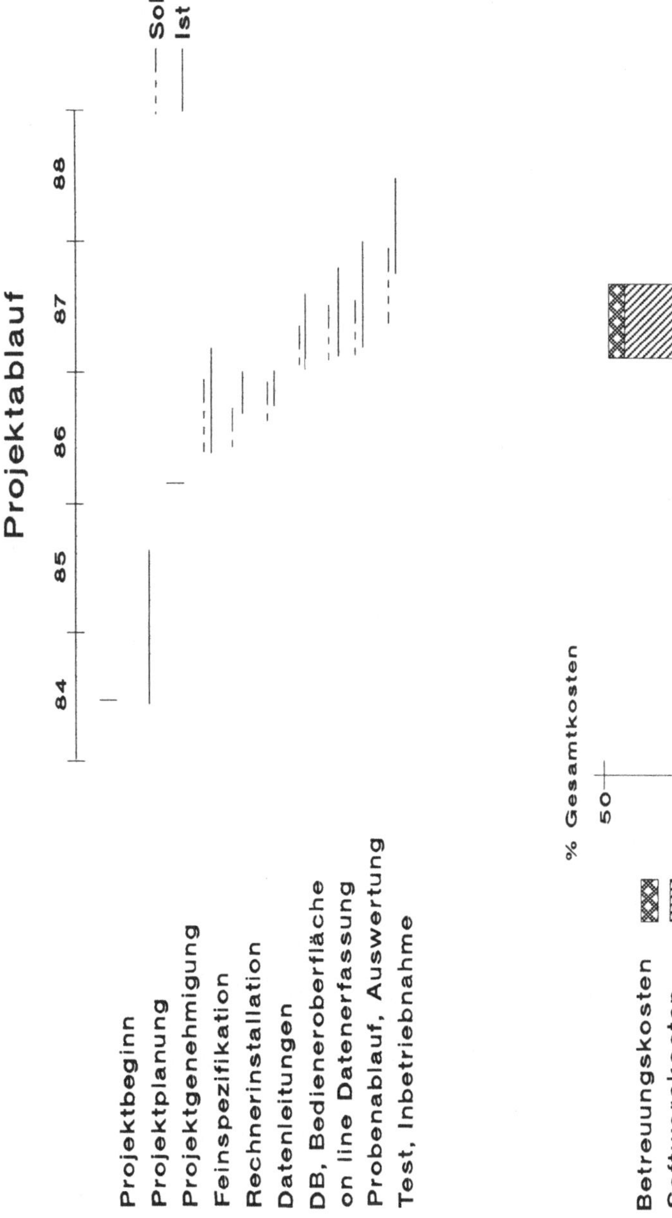

Bild 2: Projektablauf und Kosten

4. Aufwand

In der folgenden Tabelle ist der tatsächliche Aufwand (in %)
dem geplanten gegenübergestellt:

	soll	ist
Investitionskosten (in Bezug auf 100% soll):		
Rechner mit Peripherie	75%	66%
Datenleitungen, Montage	7%	7%
Klimaanlage	2%	2%
Rechnermontage, Installation	2%	2%
Bauliche Maßnahmen, Elektroinstallation	3%	3%
Vorplanungskosten	11%	11%
	----	----
	100%	94%

	soll	ist
Softwarekosten (in Bezug auf 100% soll):		
Grundpaket Labordatensystem	41%	32%
Programmierung (Kosten Fachabteilung)	48%	54%
Implementierung, Inbetriebnahme	11%	13%
	----	----
	100%	99%

Der Aufwand der Anwender kommt zu diesen Kosten hinzu.
Das Verhältnis Investitionskosten zu Softwarekosten ist 5:3 .

5. Kostenkalkulation, Realisierung

Bei der Projektrealisierung wurden die Anforderungsanalyse
durchgeführt und ein "Grobpflichtenheft" erstellt. Der
Lösungsansatz (Hard- und Software) war, wie nachfolgend
beschrieben, vorgegeben. Die Kostenkalkulation erfolgte anschließend. Die Kosten ermittelten sich aus der Aufstellung
der benötigten Hardware, der erforderlichen Montage/-
Installation und der Software. Weitere Kosten, besonders die

Aufwendungen von Anwenderseite, wurden pauschal berechnet,
ebenso die laufenden Kosten nach Installation.

Die Softwarekosten setzen sich zusammen aus den Lizenzkosten
für die käufliche Software und die eigenen Erstellungs- und
Anpassungskosten. Zur Ermittlung der eigenen Softwarekosten
wurden die benötigten Funktionen, die erforderliche Tabellenstruktur, die geforderte Benutzeroberfläche und die Systempflegefunktionen betrachtet und bewertet. Die Bewertung der
Funktionen erfolgte nach den jeweils erforderlichen Software-
modulen, der Komplexität, den Datenverbindungen und der Auf-
wandseinsparung durch das geplante Grundpaket. Als Basis
dieser Kostenkalkulation wurden die Erfahrungen aus bereits
realisierten Projekten mit deren Teilfunktionskosten und die
Erfahrung im Umgang mit der speziellen Software genommen.

6. Planungsergebnis, Feinplanungsergebnis

Das Planungsergebnis ist, wie oben schon erwähnt, ein "Grob-
pflichtenheft" mit den weiteren Informationen für den Pro-
jektantrag. In Zusammenarbeit mit den Anwendern wurde nach
Projektgenehmigung eine Feinspezifikation erstellt. Diese
Feinspezifikation wurde auf den konkreten Lösungsansatz,
Hardware und Softwaretools, bezogen und speziell ausgerichtet. Der Inhalt beschreibt die einzelnen Funktionen, den
Informationsverlauf, die Masken- und die Tabellenstruktur
(Datenstruktur). Weiterhin sind die Systempflegefunktionen
beschrieben. Die Einbindung in die Organisationsstruktur
erfolgt mit der Funktionsbeschreibung und der Informations-
verlaufbeschreibung. In einem separaten Kapitel sind die
Systempflegefunktionen beschrieben. Weiterhin sind Angaben
bzgl. der Realisierung enthalten, wie z.B. Terminplan, Mit-
arbeitereinsatz, Aufstellung der benötigten Hard- und Software und Installationsarbeiten. Bild 3 zeigt einen Ausschnitt
der Funktionsbeschreibung.

Anmelden einer Gruppe

Aufgrund der unterschiedlichen Materialmengen wird bei der
Erfassung der Kopfdaten zwischen der Maschinenabnahme und
der Produktionskontrolle unterschieden. Die Erfassung der
gruppenbezogenen Daten (Type, Los, Abnahme etc.) ist bei
beiden Anwendungen gleich. Die spulenbezogenen Daten
(Spinnmaschine, Spinnstelle, Streckstelle etc.) werden
bei der Produktionskontrolle am Id-Punkt erfasst. Bei den
Maschinenabnahmen ist aufgrund der grossen Spulenzahl der
Aufwand zur Erfassung aller spulenbezogenen Daten zu
gross. Daher werden bei der Maschinenabnahme nur die
Spulen erfasst, die die vorgegebenen Grenzen ueber-
schreiten, bzw. als Ausreisser erkannt werden.

- Produktionskontrolle

   1. in der Maske MASK_AUSWAHL (Seite A-30.2)
      Anmelden auswaehlen.

   2. gruppenspezifische Daten eingeben (los, type,
      abnahme etc.) nach Eingabe der Los-Nr. werden die
      restlichen Stammdaten in die Maske gestellt und
      koennen bei Bedarf geaendert werden.

   3. je Spule die spulenspezifischen Daten eingeben
      (Spinn- , Streckstellen etc.)

   4. Auswahl der durchzufuehrenden Pruefungen
      Standardpruefungen werden vorgeschlagen, und koennen
      ergaenzt bzw. Pruefungen herausgenommen werden.

Bild 3: Ausschnitt Funktionsbeschreibung

7. Besonderheiten des Projektes

In einem ersten Anlauf wurde für diese Qualitätssicherungsabteilung eine Automatisierung mit sehr geringem Umfang
geplant. Nach Grundsatzüberlegungen dazu ruhte das Projekt,
es wurden Genehmigungsaspekte diskutiert. Besonders die
Betrachtung einer größeren Auslegung des Systems und die für
das Projekt noch vertretbaren Kosten zählten dazu. Ebenso
wurde in einer DV-Integrationsbetrachtung für diesen Produktionsbereich die grundsätzlich einzusetzende Hardware und
Systemsoftware definiert. In dieser Phase wurde eine Neu-
planung beschlossen, die mit einem größeren Funktionsumfang
zugleich die Verwendung dieser bestimmten Hardware vor-
schrieb. Die Verwendung einer bestimmten Datenbank aus
gleichem Grunde wurde ebenfalls diskutiert, jedoch aus
Performanceüberlegungen auf eine mögliche Schnittstelle dazu
reduziert.

Die Realisierung wurde von einem Mitarbeiter der zentralen
Fachabteilung übernommen, Teilprojekte wurden von der lokalen
betreuenden Ingenieurabteilung bearbeitet. Die jeweiligen
Aufgaben wurden zu Anfang des Projektes mit einem Terminplan
festgelgt. Da es keine direkten Weisungsbefugnisse zwischen
diesen Abteilungen gab, waren einige Abstimmungen sehr auf-
wendig. Das Pflichtenheft galt als Basis, weitere Informationen wurden mündlich oder schriftlich in Form von Projekt-
besprechungsnotizen weitergegeben, bzw. festgehalten. Die
Projektbesprechungen fanden, nachträglich gesehen, nicht oft
genug und nicht regelmäßig statt. Auch wurde die schriftliche
Fixierung von Anforderungsänderungen nicht konsequent genug
durchgeführt.

Auf Grund einer längeren Krankheit kam es zu einem Mitar-
beiterwechsel im Bereich der Softwareerstellung. Die Motivation und die Identifizierung des neuen Mitarbeiters mit den
Projektvorgaben des Vorgängers waren positiv. Nach einer

Einarbeitung in das Projekt konnten die noch ausstehenden
Softwaremodule realisiert werden.

8. Zusammenfassung, Erfahrungen

Die sehr detaillierte Erstellung des Pflichtenheftes vor der
Projektgenehmigung hat einen zeitlich großen Abstand von der
Planung bis zur Realisierung ergeben. Eine teilweise Überarbeitung konnte deshalb nicht vermieden werden. Die Verwendung
eines fertigen Softwaresystems als Basis hat sich bewährt,
besonders auch die Planung unter Zugrundelegung dieses Systems.

Einzelne Punkte des Pflichtenheftes, die pauschale Aussagen
machten, konnten auch im späteren Verlauf nicht konkreter gefaßt werden. Die dazu geforderten Funktionen wurden offensichtlich vom Anwender nicht ernsthaft benötigt.

Das System konnte in einem überschaubaren Zeitraum in Betrieb
genommen werden. Die vollständige Einbindung in die vorhandene Organisation mit den erforderlichen Organisationsanpas-
sungen erforderte längere Zeit.

Einige organisatorische Änderungen mußten in den Laborablauf
eingebracht werden. Diese Änderungen betrafen hauptsächlich
die Auswertung der Prüfdaten und die Nutzung des DV-Systems
als Informationssystem. Schrittweise galt es zunächst, den
eingespielten Ablauf auf Papierbasis abzulösen. Die gewohnte
Sicht auf die manuell erstellten Auswertungen mußte der Sicht
auf Computerlisten und -grafiken weichen. Die Zuverlässigkeit
der erfaßten Daten ist gestiegen.

Die eigentlichen Automatisierungsaspekte liegen wie erwartet
in der Verarbeitung und Auswertung der Prüfdaten. Für die
Routinefragestellungen können vorgefertigte Prozeduren

aufgerufen werden, für speziellere Fragestelungen ist die
Bedienung in einer ausführlichen Form erforderlich. Allerdings ist auch der Umgang mit einem komplexen und univer-
sellen Softwaresystem erst zu erlernen. Hierzu galt es einige
Mitarbeiter gezielt zu schulen. Bei der Erfassung der Daten
sind für die Mitarbeiter im Labor zunächst keine wesentlichen
Erleichterungen mit diesem System gekommen. Die Akzeptanz des
Laborführungssystems an diesen Arbeitsplätzen war schwerer zu
erreichen.

9. Lehren für weitere Projekte

Die Zeit von der Vorplanung bis zur Inbetriebnahme eines Projektes ist oftmals viel zu lange. Der Aufwand für die Vorplanung sollte generell knapp gehalten und zeitlich gestrafft
werden. Bei der Realisierung ist die Verwendung von möglichst
vielen Standards zu empfehlen. Bei der Projektorganisation
ist auf klare Abgrenzung und auf Festlegung der entsprechenden Kompetenzen zu achten. Ein definitiver Projektabschluß
mit Übergabe des Systems an den Anwender ist als letzter
Meilenstein zielstrebig anzusteuern.

Bei größeren Projekten empfiehlt sich die Aufteilung in
möglichst eigenständige Teilprojekte. Besonders bei länger
laufenden Projekten ist ein Wechsel von Mitarbeitern nicht zu
vermeiden. Dann ist es jedoch wichtig, daß der Nachfolger
sich mit den Hinterlassenschaften des Vorgängers möglichst
gut identifizieren kann.

Die Schulung besonders der Anwender sollte zeitlich gut mit
der Einführung des Systems abgestimmt sein. Nach einer
Schulung muß für den entsprechenden Mitarbeiter auch ein
weiteres Anwendungs-, bzw. Übungsprogramm vorhanden sein.

Hüttenwerkautomatisierung

Sehr große Aufgaben wie die Automatisierung eines hochkomplexen Produktionsprozesses sind zunächst schon von der Fragestellung her schwer in den Griff zu bekommen; um die Aufgabe sinnvoll zu erfassen, wären Strukturen, Abgrenzungen und nicht zuletzt Erfahrungen nötig, die erst das Projekt selbst liefert. Dadurch kommt es vor allem zu Beginn leicht zu Fehlentwicklungen, die den Fortgang des Projekts erheblich verzögern. Ein Beispiel liefert der folgende Bericht eines an diesem Mammutprojekt (3300 Mannmonate) in verschiedenen Rollen Beteiligten (Verantwortlicher für Standards, Einzelprojektleiter, Leiter einer Projektgruppe).

Wegen der Konkurrenzsituation auf dem Stahlmarkt war es notwendig, den Stahlerzeugungsprozeß und auch die Produktionsplanung und -steuerung zu automatisieren. Das PPS (Produktionsplanungs- und -steuerungssystem) wurde unter Beteiligung der konzerneigenen Systementwicklungsabteilung und der zukünftigen Benutzer im Rahmen eines Großprojektes gestaltet.

Auf die Abwicklung des Projektes, besonders auf die beim Gestaltungsprozeß des neuen Systems aufgetretenen Probleme und Erfolge, wird im folgenden Beitrag eingegangen.

1. Ziel und Einbettung des Projektes

1.1 Aufgabenstellung

Ein modernes Hüttenwerk erfordert eine flexible Planung, eine lückenlose Kontrolle und die Möglichkeit, jederzeit situationsbedingt lenkend in den Produktionsprozeß eingreifen zu können. Dazu war die Realisierung eines Produktionsplanungssystems notwendig.

Produktionsplanung und -steuerung ist ein Informations- und Entscheidungsprozeß zur Durchführung der Produktion mit dem Ziel, eine wirtschaftliche Realisierung des konkreten Produktionsprogramms zu erreichen. Durch

- Qualitätsverbesserung,
- Erhöhung der Termintreue,
- Reduzierung der Durchlaufzeiten,
- Senkung der Lagerbestände,
- Erhöhte Flexibilität in der Anlagenauslastung und des Materialdurchsatzes,
- Arbeitsentlastung bzw. Personaleinsparung,

Ein weiteres Projektziel war ein geschlossener Informationsfluß, von der Auftragserfassung bis zur Auslieferung und Fakturierung des erzeugten Produktes.

1.2 Softwareproduzent / Kunde

Der Hersteller der Software kann als Systementwicklungsabteilung bezeichnet werden, in der ca. 70 Mitarbeiter beschäftigt sind. Diese Systementwicklungsabteilung ist organisatorisch im Bereich "FINANZ" des gleichen Unternehmens, in dem auch der Kunde (Bereich "HÜTTE") zu finden ist, eingegliedert.

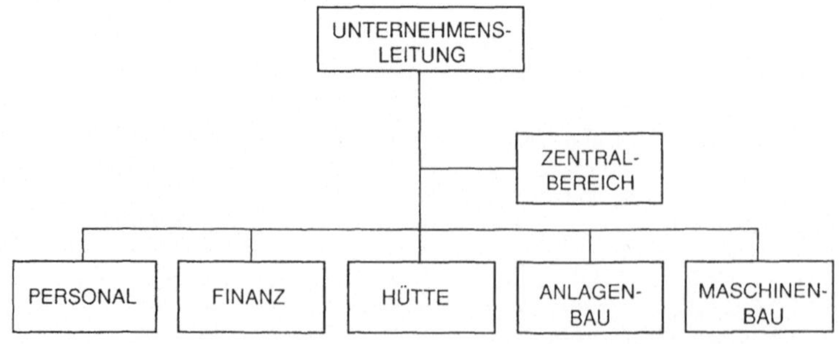

Abbildung 1
Unternehmensstruktur

Die Systementwicklungsabteilung ist unterteilt in Gruppen:
- Systementwicklung 1, 2 und 3   (60 Mitarbeiter)
- Datenbankdesign und -administration   (3 Mitarbeiter)
- Standards- und Methodenunterstützung (2 Mitarbeiter)
- Hardwaretechnologie   (4 Mitarbeiter)

Die zugrundeliegende Organisationsstruktur des Kunden (Auftraggebers) im Bereich "HÜTTE" kann grob mit
- Beschaffung
- Produktion
- Verkauf

beschrieben werden, wobei innerhalb der Produktion eine Reihe von Produktionsbetrieben angesiedelt ist.

1.3 Vorgaben bzw. Randbedingungen

Die Art der Betriebe war durch die Technologie des Stahlerzeugungsprozesses vorgegeben.

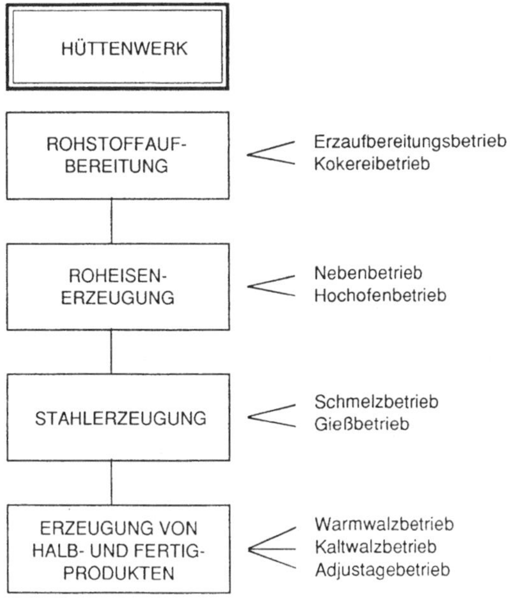

Abbildung 2
Betriebe des Hüttenwerkes

Dazu kommen noch die betriebswirtschaftlichen Funktionen Beschaffung, Produktionsabwicklung, Verkauf. Damit konnte auch die zu realisierende Funktionsstruktur abgeleitet werden.

Die Realisierung des Systems sollte, um Aufwand und Dauer des Projektes trotz der außergewöhnlichen Komplexität unter Kontrolle zu behalten, in Form eines Projektes mit gesamtverantwortlicher Leitung erfolgen. Die dazu notwendige Zielvorgabe und Aufgabenstellung wurde in einem Rahmenkonzept definiert, das als Vorgabe für das Projekt angesehen werden kann.
Weitere Vorgaben waren ein Kostenbudget und ein Endtermin.

2. Organisationsstrukturen für das Projekt

Nach Abschluß des Rahmenkonzeptes wurde die Gesamtaufgabe in 15 Einzelprojekte (mit jeweils einem Projektleiter aus der Systementwicklungsabteilung) unterteilt und mit der Erstellung von spezifischen Grobkonzepten begonnen. Die Koordinations- und Steuerungsfunktion hatte ein Gesamtprojektleiter aus dem EDV-Bereich. Ihm zur Seite standen Spezialisten für Hardware und Systemsoftware und ein Projektteam auf der Benutzerseite. Das Spezialistenteam hatte die Aufgabe, ein systemtechnisches Konzept zu erstellen und die Systemauswahl durchzuführen. Die Aufgaben und Verantwortlichkeiten des Projektleiters und der Mitarbeiter wurden in einem Projektleiterhandbuch definiert.

Aufgrund der großen Führungsspanne (15 Projekte mußten von einem Projektleiter koordiniert werden) wurde schon nach kurzer Zeit eine Matrixorganisation eingeführt.

Funktionsdesign, Systemdesign und Methodeneinsatz wurden sechs Fachgruppen übergeordnet. Daneben wurden für die übergreifenden Funktionen sechs Spezialprojektgruppen geschaffen.

Da die Einbindung der späteren Benutzer trotz eigenem Projektteam nicht funktionierte, wurde für die Gesamtprojektleitung ein Gremium definiert (EDV-Projektleiter und ein Projektleiter von der Benutzerseite). Zusätzlich wurde ein Projektplanungsteam als Kontrollinstanz installiert, indem die Führungsschicht des Unternehmens vertreten war.
Aufgrund der unklaren Unterstellungen im Matrixansatz gab es viel Doppelarbeit, aber auch Unmut und Fluktuation bei den Mitarbeitern. So wurde nach weiteren

zwei Jahren Projektarbeit die Matrixorganisation aufgegeben und umorganisiert (siehe Abbildung).

Die Zweiteilung der Gesamtprojektleitung, die sich bewährt hatte, wurde beibehalten. Die Aufgaben der Einzelprojektleiter und deren Befugnisse wurden neu überdacht und in einer Stellenbeschreibung festgehalten.

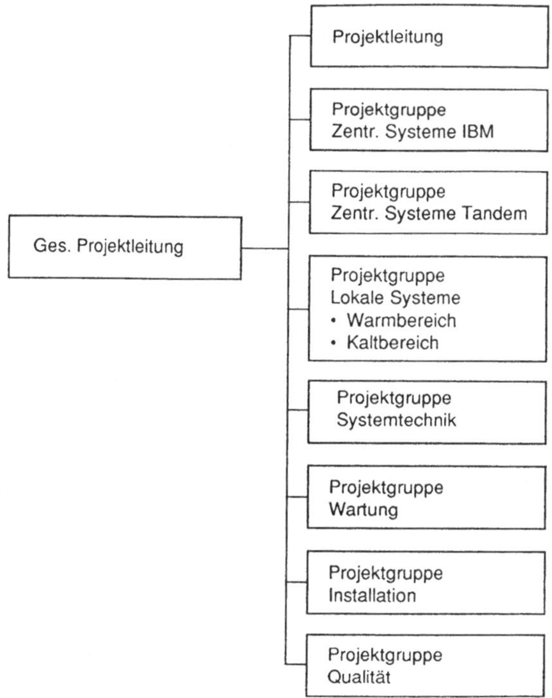

Abbildung 3
Projektorganisation

Außerdem entstand, da das Projektplanungsteam meist überfordert war, über der Projektleitung ein neues Gremium, der Projektausschuß, in dem neben EDV-Leuten auch Benutzer und Controlling vertreten waren.

Dieser Ausschuß bestimmte die Priorität und genehmigte definierte Aufgabenpakete, bis zu einem bestimmten Preislimit. Auch die Überwachung des vom Projektplanungsteams genehmigten Budgetrahmens war seine Aufgabe.

3. Zeitlicher Ablauf

Im Jahre 1980 wurde begonnen, ein langfristiges Konzept der computerunterstützten Informationsverarbeitung für das Hüttenwerk zu erarbeiten. Anlaß dazu waren die nur punktuell vorhandenen, veralteten EDV-Systeme und die dadurch bedingte undurchgängige Informationsstruktur, so daß mittelfristig mit entscheidenden Wettbewerbsnachteilen gerechnet wurde.

Es wurde daher bis 1982 ein langfristiges Rahmenkonzept erstellt, auf dessen Basis dann die Realisierung in Einzelprojekten schrittweise erfolgen sollte.

Bei der Schätzung des Aufwandes und des Realisierungszeitraumes wurde davon ausgegangen, daß

-   das neue System aufgrund der vorhandenen Kenntnisse der rund 70 Mitarbeiter der Systementwicklungsabteilung geschaffen werden könne,

-   neue Softwareengineeringmethoden und Werkzeuge zu einer wesentlichen Beschleunigung der Realisierung führen werden und damit automatisch hohe Qualität erzeugt wird,

-   die Hardware vorerst keinen Einfluß auf die Systementwicklung habe.

Aus dem Rahmenkonzept war eine Realisierungszeit von 5 Jahren vorgegeben, d.h. Ende der Realisierung 3. Quartal 1987.

Aus heutiger Sicht ergibt sich folgender chronologischer Ablauf des Projektes:

ZEITPUNKT	MASSNAHME
Mitte 1980	Start des Rahmenkonzeptes
02/81	Beginn des Kommunikationstrainings für Mitarbeiter
03/82	Ende der Phase Rahmenkonzept und Einleitung des Genehmigungsvefahrens
04/82	Einsetzung der Projektleitung
07/82	Start des Projektes
08/82	Einführung der Matrixorganisation und des Phasenmodelles (1.Version)
09/82	Einführung der METAPLANTECHNIK und Standard/Pflichtenheft
12/82	Einführung des Projektleiterhandbuches
01/83	Erste Prüfung von Pflichtenheften
02/83	Beginn der Suche nach Werkzeugen
03/83	Einführung des Phasenmodelles (2.Version)
04/83	Regeln für Besprechungsabwicklung
07/83	Einführung von SADT und DSA
09/83	Einführung Planungs- u. Abrechnungssystem
10/83	Einführung des ersten Produktmusters
12/83	Einsatzbeginn DATAMANAGER und Testbeginn ANALYST-WORKBENCH
02/84	Testbeginn SADT-Tool
04/84	Einführung des Verfahrenshandbuches für Funktions- u. Datenanalyse
06/84	Einsatzbeginn SQL, DB2-Umgebung
11/84	Einsatzbeginn von DELTA
01/85	Neue Projektorganisation
05/85	Definition der Qualitätsmerkmale und des Zieles der Qualitätssicherung
10/85	Einführung eines Ablagesystems
12/85	Einführung der FUNCTION-POINT Methode
01/86	Einführung von PROTOTYPING und Einführung des REVIEW-Konzeptes
05/86	Fertigstellung des Qualitätssicherungshandbuches
06/86	Einführung von JOUR-FIX u. Tätigkeitsberichten
08/86	Einführung einer Modulbibliothek
09/86	Einführung des Testkonzeptes u. Beginn Test
10/86	Konstituierung der Qualitätssicherungsstelle u. Beginn der ersten Abnahmen
02/87	Übergabebeginn von Produkten an die Benutzer
07/87	Aufgabentrennung Softwareentwicklung/Wartung
10/87	Neuauflage des Projekthandbuches
10/89	Abschluß des Projektes

4. Aufwand

Für die Softwareentwicklung wurden 1982 120 Mannjahre (MJ) geplant. Dieser Planaufwand wurde im Jahre 1984 aufgrund der gemachten Erfahrungen auf 170 MJ überarbeitet. Der Istaufwand bis zum Abschluß des Projektes belief sich auf 280 MJ.

Die folgende Abbildung zeigt eine Gegenüberstellung der Jahresplan- und Istaufwände.

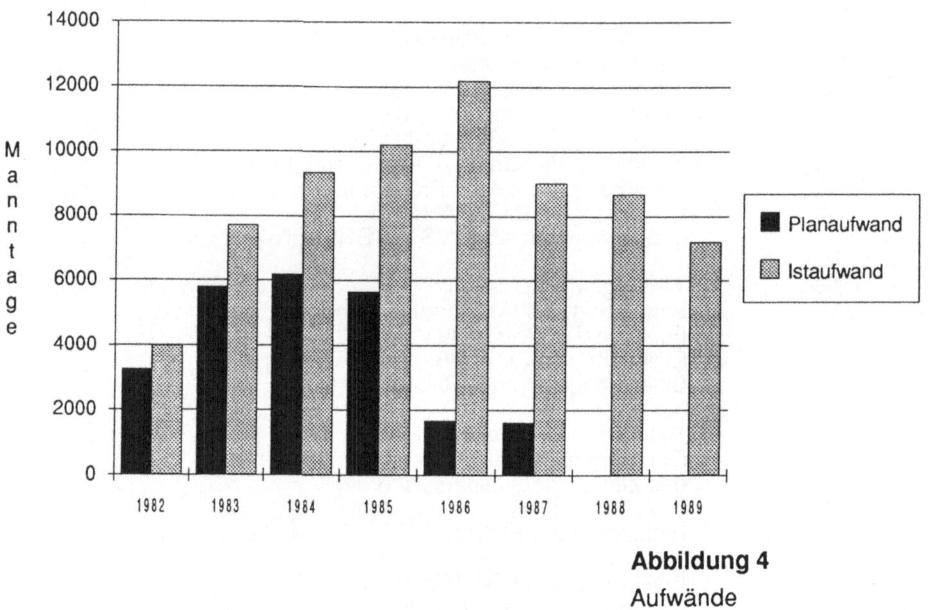

Abbildung 4
Aufwände

5. Schätz- und Entwicklungsmethoden, Werkzeuge

5.1 Projektabwicklung

Für das **Projektmanagement** (Planung, Steuerung, Überwachung, Verwaltung und Abschluß) wurde ein Projekthandbuch mit vier Teilen erstellt:

- Projektmanagement (Organisation, Verwaltung)
- Projektdurchführung (Phasen und ihre Resultate)
- Hilfsmittel (Methoden, Werkzeuge, Standards)
- Systemhandbuch (Angaben zur Hardware).

Die Aufwände wurden zunächst nur intuitiv, etwa nach 2 Jahren mit der Function Point-Methode (Beschreibung siehe bei Noth, 1984) geschätzt. Das Projektmanagement wurde durch ein Projektabwicklungssystem (Eigenentwicklung) unterstützt.

Die systematische **Zusammenarbeit** in Gruppen von 2 bis 5 Leuten, die bis dahin in der Regel einzeln gearbeitet hatten, erforderte Schulung und Konventionen (ca. 2 Wochen Verhaltens- und Kommunikationstraining für jeden, Vorgaben für die Durchführung von Besprechungen, METAPLAN-Technik für Präsentationen, Ablagesystem für den Projektschriftverkehr und für die entstandenen Produkte).

5.2 Softwareentwicklung

Da uns zu Beginn des Projektes keine **Methoden** für Projekte dieser Größe bekannt waren, wurden zur Strukturierung der Entwicklungsarbeit Block- und Datenflußdiagramme vorgegeben. Zur maschinellen Unterstützung wurde ein Toolsystem gesucht, was sich in der Folge als nicht einfach herausstellen sollte.

Wie die Organisation war auch das **Vorgehensmodell** nicht stabil. Während am Anfang des Projektes noch mit gängigen verfahrensorientierten Standards gearbeitet wurde, wurde nach ca. 2 Jahren ein neues Phasenmodell festgelegt, das für alle Phasen Produktmuster und Verfahrensbeschreibungen enthielt (siehe Abbildung unten).

Neben der phasenorientierten Vorgehensweise wurde auch die objektorientierte Vorgehensweise mit der DSA-Methode (Data Structural Analysis) erprobt. Aufgrund der Anforderungsspezifikation wurde ein logisches Objektmodell erstellt, aus dem dann die physische Datenbank realisiert wurde.

Im Jahre 1986 wurde Prototyping für die Implementierung von Benutzermodellen (Masken, Dialogschritte) und Implementierung von voraussichtlich kritischen Funktionen eingeführt.

Im Laufe der Projektarbeit ergaben sich aufgrund der nicht einheitlich angewandten Methoden Unklarheiten über die Analyseergebnisse. Zur Lösung dieser Probleme wurde versucht, SADT (Structured Analysis and Design Technique) einzusetzen.

Es wurde von einem eigenen Team versucht, obwohl schon einzelne Sub-Pflichtenhefte vorlagen, das Gesamtsystem mit SADT darzustellen. Dieses Team sollte soweit detaillieren, bis die Hauptfunktionen der einzelnen Subsysteme eindeutig und in ihren Struktur- und Ablaufzusammenhängen konsistent waren.

PHASEN / RESULTATE	AUFGABEN	VERFAHREN
VORSTUDIE **(V)** Angebot, Vertrag	Erstellung der Zielsetzung Festlegen des Leistungsumfanges Festlegen der Abnahmebedingungen Erstellen der systemtechnischen Übersicht Planen des Entwicklungsprozesses Erstellen des Vorstudienberichtes Durchführung der Phasenabnahme	Verfahrenshandbuch V
LEISTUNGSBE- **SCHREIBUNG** **(L)** Pflichtenheft	Beschreiben des realen Prozesses Erstellen des logischen Datenmodelles Erstellen des Funktionsmodelles Erstellen des Benutzermodelles Planen des Funktionstestes Durchführung der Phasenabnahme	Verfahrenshandbuch L Daten- und Funktions-analyse (DSA, SADT)
ENTWURF **(E)** Entwurfs-dokumentation	Erstellen des Programmentwurfes Erstellen der physischen Datenbank Planen des Programmtestes (Datenstruktur) Durchführung der Phasenabnahme	Verfahrenshandbuch E Richtlinien für Requestor- und Serverentwurf Datenbankdesignrichtlinien
FERTIGUNG **(F)** Programm, Benutzer-, Operator-, Wartungshand-buch	Fertigen der Datenfiles Festlegen der systemnahen Software Fertigen der Programme Fertigen der Handbücher Planen des Programmtestes (Programmstruktur)	Verfahrenshandbuch F Allg. Programmierregeln Richtlinien für Test
INBETRIEB- **NAHME (I)** Teilsystem, System, Abschlussdoku-mentation	Erstellen des Einsatzmittelplanes Vorbereiten der Inbetriebnahme Durchführung des Probebetriebes Durchführung des Verfügbarkeitsnachweises Anpassen des Systems Durchführung der Abnahme	Verfahrenshandbuch I Schulungsrichtlinien Massnahmenkatalog für Systemübergabe
GEWÄHR- **LEISTUNG (G)** Gewährleistungs-dokumentation	Durchführung des Systembetriebes Analysieren und Beheben von Mängel Tuning des Systems Übergabe des Systems	Richtlinien für Gewähr-leistung

Abbildung 5
Projekt-Phasenmodell

Ein erster Versuch, ein integriertes **Werkzeug** (Entwicklungssystem unter UNIX) einzusetzen, schlug fehl, weil das System den Anforderungen des Großprojektes nicht gewachsen war.
Für die Beschreibung und Verwaltung von Funktionen, Objekten, Attributen und Relationen wurde schließlich ein Data Dictionary (DATAMANAGER) verwendet.

Ein zweiter Versuch mit einem integrierten Werkzeug, welches auf einer datenstrukturorientierten Methode beruhte, mißlang aufgrund schwerer Mängel des Produktes ebenfalls (trotz intensivster Methodikschulung; Aufwand pro Mitarbeiter ca. 1 Woche).

Als letzter Schritt in Richtung Werkzeuge wurde DELTA (vgl. DELTA, 1984) für die Generierung von COBOL-Programmen und ein eigenentwickelter Menütreiber zur Dialogabwicklung eingesetzt.

Weiters wurden für den IBM-Großrechner das relationale Datenbanksystem DB2, SQL als nicht-prozedurale Sprache zum Datenbankgebrauch, QMF für rasche Abfragen, CSP zur Dialogprogrammierung und ein Helpprocessor verwendet.

5.3 Qualitätssicherung

Außer dem Bewußtsein und dem Willen, etwas für Qualität zu tun, gab es zum Projektstart keine Festlegungen zur Qualitätssicherung.
Mit zunehmender Erkenntnis über den Sinn der Qualitätssicherung und nachdem schon verschiedene Maßnahmen (z.B. Einführung von Produktmustern) gesetzt worden waren, wurden Qualitätsmerkmale und -ziele aufgestellt. Erste Ansätze einer **Qualitätssicherungsstelle** wurden ins Leben gerufen.

In der Folge wurde ein **Qualitätssicherungs-Handbuch** konzipiert (Inhalt siehe Abbildung 6).

Abgeleitet aus diesem Handbuch entstanden sukzessive:

-    ein Testkonzept zum Testen von Programmen
-    ein Reviewkonzept für Dokumente und Programme
-    Jour-Fix Sitzungen zur lfd. Information und Problemdarstellung

QUALITÄTSSICHERUNGS-HANDBUCH
(QS-HB)

ALLGEMEINES
- Verantwortung
- Erstellung des QS-HB
- Einführung
- Benutzung und Vertraulichkeit
- Versionsmanagement

FÜHRUNGSAUFGABEN
- Qualitätspolitik
- Organisation
- Prüfung des Qualitätssicherungssystems

QUALITÄTSSICHERUNGSSYSTEM
- Systembeschreibung
- Aufgaben der Strategischen Qualitätssicherung
- Aufgaben der Strukturellen Qualitätssicherung
- Aufgaben der Funktionalen Qualitätssicherung
- Prüfung durch Kunden

ELEMENTE DES QUALITÄTSSICHERUNGSSYSTEMS
- Vertragsabwicklung
- Softwareproduktion
- Softwarebeschaffung und -beistellung
- Dokumentation
- Kennzeichnung der Produkte
- Qualitätsprüfung
- Meß- und Prüfeinrichtungen
- Korrekturmaßnahmen
- Umgang mit Produkten
- Qualitätsaufzeichnungen
- Schulung
- Kundendienst

Abbildung 6

Qualitätssicherungs-Handbuch

Für das Testen der Programme wurde mit großem Aufwand entwickelt:

- Programmanalyser für den statischen Test und ein
- Testgenerator für den dynamischen Test

Betriebliche Produktionssteuerung

Die betriebliche Produktionssteuerung gliedert sich in

- Auftrags- und Materialbestandsführung
- Anlagenprogrammerstellung und -anpassung
- Betriebsdatenerfassung
- Materialverfolgung und Materialdisposition
- Berichtserstellung
- Betriebsmittelabrechnung

Versanddisposition

Versandvorbereitung (z.B. Verpackung), Transportdisposition und Erstellung der Versandpapiere.

Informationsbereitstellung und Archivierung

Sämtliche produktionsrelevanten Daten werden gespeichert, entsprechend den betrieblichen Erfordernissen ausgewertet und als Information zur Verfügung gestellt.

6.2 Technische Übersicht

Das EDV-technische Systemkonzept basiert auf einer Vernetzung von IBM und TANDEM-Systemen mit verschiedenen Prozeßrechnern (DEC PDP11 und VAX, SIEMENS).

Die Vernetzung zwischen Fremdsystemen erfolgt über ein offenes, auf X.25 basierendes System.

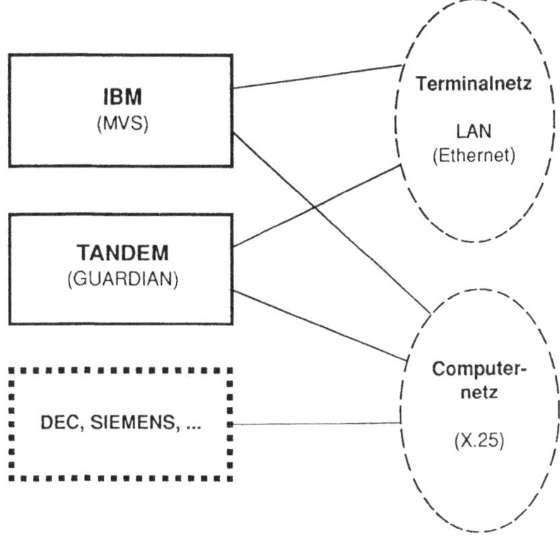

Abbildung 8
Hardwarestruktur

7.   Probleme- und Vorteile dieses Projekts

7.1 Produktionsprozeß

7.1.1 Projektabwicklung

Die Größe und Komplexität, die sich aus dem umfangreichen Informationsfluß ergeben, wurden unterschätzt. Als man dies erkannte, wurden Maßnahmen gesetzt, um die jeweilige Teamgröße und die Arbeitsteilung anzupassen (vgl. Kap.2).
Auch der Versuch, alle Komponenten des Projektes gleichzeitig zu realisieren, überforderte die Projektleitung und die Mitarbeiter.

Unzureichendes Projektmanagement und fehlendes Know-How über Softwareengineering waren ein weiteres Manko im Projekt. Durch Überlastung aus dem Tagesgeschäft war die Projektleitung nicht in der Lage, die Arbeiten richtig zu steuern und die beauftragten Arbeiten auch genau zu kontrollieren.

Die Beschäftigung von zeitweise bis zu sechs externen Beratern, die auch meist unterschiedliche Meinungen vertraten, führte oft zu Unstimmigkeiten und falschen Entscheidungen.
Aufgrund des schlechten Projektmanagements wurde es notwendig, die am Anfang des Projektes sehr hoch gesteckten Ziele während der Projektdurchführung mehrmals herabzusetzen oder die geplanten Fertigstellungstermine in die Zukunft zu verschieben. Daß dies zur Beeinträchtigung der guten Beziehungen zwischen Auftraggeber und Auftragnehmer führte, muß nicht erwähnt werden. Auch die Motivation innerhalb des Projektteams litt darunter.

7.1.2 Softwareproduktion

Positiv zu bewerten ist die Festlegung eines Phasenschemas mit den notwendigen Aktivitäten und Teilprodukten (vgl. Kap.5), in dem auch der Produktgedanke (Software entsteht nicht plötzlich am Ende der letzen Phase, sondern pro Phase), Eingang findet.

Eine wesentliche Änderung war auch die Trennung der Softwareproduktion von der Wartung, die in der letzten Phase (Inbetriebnahme) durch Übergabe an die Wartungsabteilung durchgeführt wurde.

Ein wesentliches Problem für den Projektfortschritt war die fehlende Produktionsumgebung (Methoden, Werkzeuge) beim Start des Projektes. Die Suche nach Methoden und Werkzeugen begann erst sehr spät und war außerdem noch durch eine unglückliche Auswahl gekennzeichnet. Die am Anfang des Projektes bestehenden, sicher zu hohen Erwartungen an die am Markt gebräuchlichen Methoden und Werkzeuge für Analyse und Entwurf, konnten nicht erfüllt werden. Der Zukauf von brauchbaren integrierten Methoden und Werkzeugen war nicht möglich.

Bezüglich der Methoden kann festgestellt werden, daß ein und dieselbe Methode von einigen Mitarbeitern abgelehnt und von ebensovielen positiv bewertet wurde. Hier nun die objektiven von den subjektiven Komponenten zu unterscheiden, ist sicherlich eine der schwierigsten Aufgaben beim Einsatz von Methoden.

Die fehlende Anwendungserfahrung der Methoden (z.B. SADT und DSA) war ein weiterer Problemfaktor. Die Methoden wurden zwar mit enormem Aufwand geschult, die weitere Unterstützung in der Praxis war aber aus Zeitmangel nicht vorhanden.

Ein Erfolgsfaktor war die Einführung des Prototypings, basierend auf einem vorab erstellten logischen und physischen Objektmodell.

Eine weitere Erfolgsmaßnahme war die Trennung von Daten und Programmen. D.h. die eigentlichen Softwareentwickler hatten sich nur um ihre Programme zu kümmern und nicht um den Aufbau der zu verarbeitenden Daten. Dies wird von einer eigenen Datenadministrationsgruppe, die auch für das Design der Datenbank zuständig ist, wahrgenommen. Auch hier gab es am Anfang Schwierigkeiten, da sich die Softwareentwickler in ihrer Freiheit beeinträchtigt fühlten.

Fehlende Dokumentationswerkzeuge zu Beginn des Projektes und die Tests von angeblich integrierten Werkzeugen, die sich im Endeffekt als unbrauchbar herausstellten, kosteten viel Aufwand.

7.1.3 Software Qualitätssicherung

Ein wesentlicher Schwachpunkt, der als Mitverursacher des lange ungenügenden Projektfortschrittes anzusehen ist, war das Fehlen eines Qualitätssicherungskonzeptes.
Darauf sind auch die mehrfachen Wechsel der Methoden und Werkzeuge zurückzuführen.
Erst im Laufe der Zeit gelang es, durch Abgabe einer Grundsatzerklärung über die Bedeutung der Qualität und Schaffung einer Qualitätssicherungsstelle (QSST) das

Bewußtsein für Qualität zu wecken.

Die Schaffung einer QSST ist zwar heute als positiv zu bewerten, war aber in ihren Anfängen sehr umstritten, und es war einige Zeit nicht klar, ob das gesetzte Ziel auch erreicht werden kann. Trotz vieler Mißerfolge und fehlender Anerkennung gelang es, unter Anwendung des Mottos "Strategie der kleinen Schritte", die Mißerfolge zu verringern.
Besonders das Review- und Testkonzept (inkl. Testgenerator) kann als Vorteil für dieses Projekt bezeichnet werden.

7.2. Softwareentwickler und Benutzer

7.2.1 Zusammenarbeit
Im Projekt waren soziale Barrieren zu überwinden:

-   Altersunterschiede im Projektteam, die zu unterschiedlichen Vorstellungen, aber auch zu unterschiedlichen Arbeitsrhythmus führten,
-   Mitarbeiter aus unterschiedlichen Hierarchiestufen, die außerhalb des Teams in autoritärer Form miteinander verkehrten,

Dementsprechend wurden Schulungen in Kommunikationstechnik und Verhaltenstrainings abgehalten, die sich sehr positiv auf die Mitarbeiter ausgewirkt haben.
Weitere Mittel, die zur besseren Kommunikation beitrugen, waren:
- MAIL-System
- Jour-Fix
- Ablagesystem für Protokolle, Notizen und Dokumentationen
- Besprechungsordnung zur Abwicklung von Besprechungen

Die Aufgabenabgrenzung war am Anfang des Projektes eher willkürlich, durch die Wünsche der Mitarbeiter geprägt. Sie führte zu Schnittstellenproblemen.
Durch die Splittung der Mitarbeiter in Spezialisten, die Vorgaben erstellten und diese dann ohne viel Kommentar den Anwendungsgruppen aufzwängten (z.B. Datenmodell, übergreifendes Funktionsmodell), entstand ein Konkurrenzdenken und eine gegenseitige Schuldzuweisung bei Fehlern.

Auch das Projektklima litt durch die unglückliche Aufgaben- abgrenzung, aber auch durch eine örtliche Trennung der Teams.

Es war geplant, den Benutzer intensiv bei der Arbeit (z.B. bei der Analyse) zu beteiligen. Die Benutzer hatten aber zuwenig Zeit, um neben dem laufenden Geschäft auch noch lästige Arbeiten mit dem Softwareentwickler zu verrichten.
Erst die Etablierung der Linienvorgesetzten in den Projekt- Aufsichtsgremien und die Beteiligung an Teilprojektleitungen brachte eine Verbesserung.

7.2.2 Akzeptanz und Verhalten

Durch oftmaliges Umorganisieren des Projektes trat eine enorme Verunsicherung der Projektmitarbeiter auf. Unklare Unterstellungen und Mehrfachverwendungen der Mitarbeiter führten zum Ausspielen der Vorgesetzten untereinander und zu Doppelarbeit.
Daraus resultierten Unmut bei der Arbeit, aber auch Fluktuation, nicht nur bei den Mitarbeitern, sondern auch bei den Projektleitern.
Auch die übermäßige Bürokratisierung und der Wechsel der Planungsinstrumente (Aufwandsplanungen mußten mehrfach wiederholt werden) spielten eine Rolle. Beim Gegenstück der Planung, der Abrechnung, wurde genauso experimentiert, bis endlich ein Mittelweg zwischen exaktem Minutennachweis und laissez-faire Stil gefunden wurde.
Da die Analysearbeiten auch mehr Zeit in Anspruch nahmen als geplant, konnten die gesetzten Terminziele nicht erreicht werden. Dies führte zu zunehmenden Zweifeln am Erfolg und erhöhte die Unsicherheit der Mitarbeiter enorm.
Da auch die Projektleitung in Zugzwang geriet, wurden neue Termine so bemessen, daß sie sowieso nicht zu halten waren. Dies führte wiederum zu erhöhter Frustration unter den Projektmitarbeitern.

Große Akzeptanzschwierigkeiten gab es lange bzgl. des Phasenschemas. Da bisher die Realisierung von Software durch Programmieren und Ändern durchgeführt wurde, war es für die meisten Mitarbeiter eine große Umstellung, zuerst eine Spezifikation zu erstellen und den Entwurf zu dokumentieren, bevor man mit dem Programmieren beginnen durfte.

Als dann zum Phasenschema noch Vorschriften darüber erlassen wurden, wie man dokumentieren, entwerfen, strukturieren und installieren sollte, sah man die bisherigen individuellen Freiheiten beschnitten und die Vorschriften blieben lieber im Kasten als in Verwendung.

Die durchgeführte Trennung in Softwareproduktion und Wartung wurde aufgrund der Möglichkeit, Wartungsarbeiten an andere Mitarbeiter abzugeben, zuerst einmal

akzeptiert. Als dann aber dazu eine vollständige Dokumentation gefordert wurde,
schwand die Begeisterung.

Was sich besonders auf die Akzeptanz der Mitarbeiter ausgewirkt hat, war der
oftmalige, wenig sinnvolle Wechsel der Methoden und Werkzeuge. Man sah darin
auch die Bestätigung, daß die alte Vorgehensweise noch immer die beste war.
Es soll aber nicht unerwähnt bleiben, daß doch einige Hilfsmittel wie z.B. DELTA
sofort akzeptiert wurden.

Akzeptiert wurden alle Werkzeuge, die

- die tägliche Routinearbeit unmittelbar erleichtern,
- genau eine Aufgabe erfüllen,
- eine selbsterklärende Benutzerschnittstelle haben,
- in die vorhandene Umgebung passen, ohne daß zusätzliche Veränderungen im
  Arbeitsablauf notwendig sind.

Schwer akzeptiert werden komplexe, methodenabhängige Werkzeuge, die

- ihren Nutzen erst sehr spät unter Beweis stellen können,
- ein weitgehendes Umdenken verlangen und
- einschneidende Veränderung der Arbeitsweise mit sich bringen.

Neu für die meisten Mitarbeiter war die Arbeit mit einer zentralen Datenbank. Die
dadurch entstandenen Abstimmungsprobleme, zusätzlich zum Neuigkeitsgrad einer
komplexen Datenbank mußte man erst überwinden.

Auch die Trennung der Programme von den Daten und das Arbeiten mit Datenkapseln wurde zuerst einmal skeptisch betrachtet.
Am besten angekommen ist die Einführung von Prototyping, was noch am ehesten
dem alten Arbeitsstil unserer Mitarbeiter entsprach. Der Irrglaube, daß hier nichts zu
dokumentieren sei und man hier ohne Konzept arbeiten kann, wurde schon bald
durchschaut.

Vom Benutzer war ein detailliertes Konzept verlangt, was die meisten Benutzer, sei
es aus Gründen der mangelnden Vorstellungskraft oder aus Zeitgründen, lange
nicht liefern konnten. Diese Situation behinderte natürlich den Arbeitsfortschritt.
So entstand ein Verhältnis der gegenseitigen Schuldzuweisungen für
Verzögerungen und ein schlechtes Arbeitsklima.

Erst die Einführung des bereits erwähnten Jour-Fix, wo man versuchte, gemeinsam die Probleme zu lösen, brachte eine Besserung.

In Ermangelung konkreter Aufgabendefinitionen der Qualitätssicherung für Software hatten die Mitarbeiter lange Zeit damit keine Probleme. Aber mit zunehmender Konkretisierung der Aufgaben in Richtung Prüfung und Einrichtung einer Qualitätssicherungsstelle wurden die ersten Einwände laut.

Alle Programme, die bestimmten Kriterien nicht entsprachen, wurden zurückgewiesen und mußten verbessert werden. Das Bloßstellen von Fehlern, die Behinderung der Übergabe aufgrund der hohen Rückweiserate und damit Terminverzögerungen machten die Qualitätssicherungsstelle unbeliebt.

Besonders für Qualitätsaspekte, die nicht an der Oberfläche sichtbar sind (z.B. Programmierstil, Termineinhaltung), fehlte den Entwicklern das Verständnis.

8. Diskussion der Resultate, Lehren für weitere Projekte

8.1 Produktionsprozeß

Der Projektleiter trägt die Verantwortung für Inhalt, Qualität, Kosten, Termine und hat die nötigen disziplinären Kompetenzen. Er ist der wichtigste Erfolgsfaktor des Projektes.
Vernünftig gesetzte Termine, die einen gewissen Druck ausüben, fördern die Produktivität und helfen bei der Überwindung natürlicher Trägheit. Vorgegebene Termine, die von vornherein die Erreichung des gesetzten Zieles unwahrscheinlich werden lassen, haben die entgegengesetzte Wirkung. Die Illusion, mit Überstunden solche Termine noch einhalten zu können, sollte man von vornherein nicht haben. Gerade Arbeitszeit, die höchste Konzentrationsfähigkeit erfordert, kann man nicht beliebig verlängern.

Über der Projektleitung muß eine Instanz eingeschaltet sein, die aus Vertretern des Auftraggebers und Auftragnehmers besteht und die fachliche Kompetenz hat.

Spezialisten wie Systemtechnologen und DB-Designer sollen eine eigenständige Instanz im Projekt sein und nur bei Bedarf Dienstleistung zur Verfügung stellen. Sie müssen vor allem übergreifende Lösungen schaffen und diese in die Teilprojekt-teams integrieren (gedanklich und inhaltlich). Sie sollen nicht als "Besserwisser" fungieren.

Gerade bei einem großen Projekt dürfen nicht sowohl die System- und Hardwarebasis als auch die Anwendung völlig neu sein.

Die Einführung einer sinnvollen Vorgehensweise (Phasenschema) und die konsequente Verfolgung des Produktgedankens tragen zu einer Verbesserung in der Softwareproduktion bei.

Vorgaben sind notwendige Maßnahmen, um die Zusammenarbeit vieler sicherzustellen, um die Integration von Ergebnissen zu ermöglichen und die Transparenz zu gewährleisten.
Es ist aber notwendig, solche Vorgaben bereits am Start des Projektes bzw. am Beginn der einzelnen Phasen zur Verfügung zu haben und die Einhaltung laufend zu überprüfen.

Obwohl unter technischen Gesichtspunkten die gesamte Analyse und Teile des Entwurfes ohne Kenntnis der Zielsysteme abgeschlossen werden können, sollte man aus psychologischen Gründen die Zielsysteme vorher festlegen, da sich die Ungewißheit darüber bei den Mitarbeitern meist negativ auswirkt.

Wird die Diskussion über neue Methoden dann begonnen, wenn ein Projekt bereits im Terminverzug ist, dann ist zu erwarten, daß nur wenig geschult wird und für Versuche keine Zeit zur Verfügung steht.

Es muß bereits zu Beginn des Projektes klar sein, welche Bedeutung Qualitätssicherung hat und welche Maßnahmen gesetzt werden sollen. Es ist daher ein Projekthandbuch mit umfassenden Qualitätssicherungs-Maßnahmen notwendig, das auch seinen Niederschlag in der Ablauforganisation erhält. Dabei kann die Umsetzung und Einführung durchaus schrittweise erfolgen.

Bei der Einführung einer Qualitätssicherungsstelle ist eine sorgfältige Vorbereitung notwendig. Dazu bedarf es geeigneter Mitarbeiter aus der Praxis, die sich als Zugpferde betätigen und durch Vormachen und Anleiten ihre Kollegen motivieren, ihnen helfen und sie überzeugen.

Den Softwareentwicklern muß genügend Zeit für den Test gegeben werden. Das Management muß selber überzeugt sein, daß Review und Test nicht Selbstzweck, sondern nützliche Instrumente sind, die dazu beitragen, hochwertige, wartungsfreundliche Produkte zu erzeugen.

Aufgrund obiger Erkenntnisse muß man der Auffassung sein, daß die Auswahl und Einführung von Softwareentwicklungsmethoden heute kein technisches, sondern vielmehr ein sozialpsychologisches Problem darstellt. Diesen Aspekt gilt es bevorzugt zu berücksichtigen.

8.2. Softwareentwickler und Benutzer

Gute Beziehungen zwischen Softwareentwickler und Benutzer ergeben sich nicht von allein. Sie müssen durch eine sachgerechte Aufgabenteilung gefördert werden. Die Beteiligung des Benutzers muß in die bestehende Organisationsstruktur hineinpassen. Der Benutzer ist in seinen zukünftigen Aufgaben zu schulen, ihm sind auch die Methoden beizubringen, die in der Projektarbeit Anwendung finden.

Umstellung der Mitgliederbestands-
führung – ein kommerzielles Großprojekt

Der Ersatz eines großen, ständig benötigten Systems entspricht dem Neubau eines Schiffes auf hoher See. Der folgende Bericht des Projektleiters zeigt, wie ein solcher Wechsel praktisch durchgeführt wurde. Es handelt sich um die Mitgliederbestandsführung eines Vereins mit fast 10 Millionen Mitgliedern.

Im März 1988 ging nach einer Entwicklungszeit von über vier Jahren ein neues Informationssystem für die Mitgliederbestandsführung eines großen deutschen Automobilclubs in Produktion, mit 110 Mannjahren Entwicklungsaufwand das bisher größte Entwicklungsvorhaben des Unternehmens. Ziele und Randbedingungen, Vorgehensweisen und Planungen, fachliche und technische Konzepte werden dargestellt und den Projektergebnissen gegenübergestellt. Abschließend werden verallgemeinerbare Resultate und Erfahrungen diskutiert.

1. Ziele und Einbettung des Projekts

Zu Beginn des ADAM-Projektes standen langfristige Zielsetzungen im Vordergrund: Die zum Teil veralteten und ohne einheitliches Konzept entwickelten Bestandsführungssysteme für Mitgliedschaft und Versicherungen sollten durch ein modernes und integriertes System abgelöst werden. Neben der notwendigen technischen Modernisierung waren durch neue Funktionen der Adreß-, Vertrags- und Inkassoverarbeitung die Voraussetzungen für eine verstärkt mitgliederorientierte und rationelle Bestandsführung zu schaffen. Gemeinsame, spartenübergreifende Verfahren, insbesondere in der Inkassobearbeitung, waren zu entwickeln. Das neue System sollte aufgrund hoher Flexibilität alternative Mitgliedschaftsmodelle sowie die Dezentralisierung von Aufgaben in die Geschäftsstellen unterstützen und über ein integriertes Statistik-System Managementinformationen für Planung und Disposition bereitstellen. Der Projektauftrag wurde von der Geschäftsleitung erteilt.

Als erster Anwender des neuen Systems war zunächst eine Versicherungssparte vorgesehen, deren Bestandsverwaltung zu diesem Zeitpunkt noch extern abgewickelt wurde. Personelle Engpässe in der Anwenderabteilung, neue Prioritäten, aber auch divergierende Zielsetzungen der unterschiedlichen Bereiche führten im Verlauf der Analysephase zu einer Umorientierung: Unter Beibehaltung der langfristigen, umfassenden Zielsetzungen wurde zunächst der Schwerpunkt auf den Neubau des Mitgliedersystems gelegt, eines 16 Jahre alten und fachlich wie technisch veralteten Systems, das auf maximal 10 Millionen Mitgliedsnummern ausgelegt war. Bei dem abzusehenden Mitgliederwachstum war damit der Einführungstermin - vor Beginn der Saison 88 - fest vorgegeben. Eine Termin-Überschreitung hätte hohe zusätzliche Investitionen in das alte System erforderlich gemacht.

Bei einer Anzahl von über 9 Millionen Mitgliedern und 6 Millionen Dialogvorgängen pro Jahr waren die Anforderungen an den Automatisierungsgrad der Anwendung sehr hoch, z. B.: geschäftsvorfallsorientierte Dialogführung, integrierte Textver-

arbeitung, Termin- und Historienverwaltung, Adreßprüfung gegen
Orts- und Straßenverzeichnisse und automatische Behandlung ei-
ner Vielzahl von fachlichen Regeln und Sonderfällen. Die auf-
tretenden Transaktionsraten (über 200.000 Transaktionen/Tag in
der Saison), hohe Verfügbarkeitsanforderungen an die
Dialogverarbeitung (Auskunftsdialog rund um die Uhr) und die
Volumina der Batchverarbeitungen (z. B. Produktion von 1,4 Mio
Rechnungen in einem Lauf) stellten hohe Anforderungen an den
technischen Entwurf der Datenbank und der Anwendung.
Bereits das abzulösende System war über historisch gewachsene
Schnittstellen mit zahlreichen anderen Informationssystemen
verbunden. Der Austausch glich somit einer Operation am Rük-
kenmark. Parallel zur ADAM-Entwicklung waren 13 Nachbarsysteme
auf die neue ADAM-Datenbasis umzustellen.

2. Zeitlicher Projektablauf und Vorgehensweise

Der Projektverlauf bis zur Inbetriebnahme im März 1988 ist in
der folgenden Übersicht dargestellt:

     0   Vorstudie genehmigt
     7   Freigabe der Phase Anforderungsanalyse
    20   Beginn der Phase Groborganisation
    24   Wechsel der Projektleitung
    25   Planänderung: Konzeptionsphase um 6 Monate verlängert
    30   Abschluß der Gesamtkonzeption, neue Aufwandsschätzung
          und Reduktion des Funktionsumfangs
    31   Genehmigung der neuen Realisierungsplanung
    40   Fertigstellung der ersten Vorabversion (Sockel 1)
    46   Fertigstellung der zweiten Vorabversion (Sockel 2)
    52   Abschluß der Realisierung (Sockel 3)
    53   Beginn der System- und Abnahmetests
    57   Inbetriebnahme

t/Monaten

Das Projekt begann Mitte 1983 mit einer Vorstudie und folgte
zunächst dem im Unternehmen eingeführten Phasenkonzept: Vorun-

tersuchung, Anforderungsanalyse, Groborganisation, Detailorga-
nisation, Realisierung, Einführung.

Probleme bei der Umsetzung der Ergebnisse der Anforderungsanalyse in einen fachlichen Systementwurf führten im Juni 1985 zu
einem Wechsel in der Projektleitung und Vorgehensweise. Die
Konzeptionsphase wurde um 6 Monate verlängert. Das Ergebnis
der nach Abschluß der Konzeptionsphase durchgeführten Aufwandsschätzung machte deutlich, daß die bisher der Planung zugrunde gelegten Werte mindestens zu verdoppeln waren. Hier
stellte sich nicht nur die Frage der Kosten, sondern auch die
der Machbarkeit und des Projektrisikos. Deshalb wurden die
Möglichkeiten einer Realisierung in Stufen untersucht. Nach
dem Einführungszeitpunkt der ersten Stufe mußte jedoch mindestens die volle Funktionalität des alten Verfahrens verfügbar
sein. Das konnte grundsätzlich durch zwei Wege erreicht werden:
a) Nur ein Teil des neuen Systems wird in der ersten Stufe neu
entwickelt und über Schnittstellen mit dem für die Weiterver-
wendung bestimmten Teil des Altsystems verbunden. Dieser Lösungsansatz, der vom Team als "halbes Schwein" bezeichnet
wurde, erwies sich vor allem wegen der zu hohen Einschränkung
durch die zu beachtenden Schnittstellen als nicht realisierbar.
b) Reduktion des vom Anwender geforderten Funktionsumfanges um
die in einer ersten Stufe verzichtbaren zusätzlichen Funktionen ("kleines Schwein"). Dieser Weg wurde eingeschlagen und
brachte eine Reduktion des geschätzten Realisierungsaufwandes
um 20 %.

Der geschätzte Aufwand für Detailkonzeption, Realisierung,
Test und Einführung war unter dem vorgegebenen Zeitrahmen von
zwei Jahren nur mit einem sehr großen Team zu realisieren.
Vorgehensweise und Planung für das Projekt hatten vor allem
Beherrschbarkeit sicherzustellen: Für die Einführungsphase
wurden vier Monate geplant, die verbleibenden 20 Monate in
drei Entwicklungssockel (Vorabversionen) unterteilt. Der erste
Sockel stellte die Entwicklungsumgebung bereit und lieferte
die technische Basis sowie ein "Durchstichsystem" mit be-

schränktem Funktionsumfang. Dieses Kernsystem sollte als ein fachlicher und technischer Prototyp vom Fachbereich getestet werden und den Nachweis für die Realisierbarkeit der technischen Konzepte erbringen. Die für den weiteren Projektverlauf grundlegenden Verfahrensweisen - insbesondere die Testabwicklung - konnten hier entwickelt, eingeübt und in der Praxis überprüft werden. Im zweiten Sockel wurde der vorhandene Prototyp überarbeitet, in seiner Funktionalität ausgeweitet und erneut durch den Fachbereich getestet. Mit dem dritten Sockel war die Softwareentwicklung abgeschlossen. Das Gesamtsystem wurde umfangreichen Abnahmetests unterzogen, und die Einführungsvorbereitungen wurden zum Abschluß gebracht.

Auch die beste Software ist wertlos, wenn das Umfeld nicht stimmt. Die rechtzeitige Aufstockung der Rechner- und Plattenkapazität, die notwendigen Erweiterungen der Basissoftware, die Bereitstellung der technischen Umgebung durch die Systemtechnik und umfangreicher Jobnetze durch die Arbeitsvorbereitung gehörten ebenso in den Gesamtplan wie die Ausarbeitung der Ablauforganisation und die Einführungplanung.

Die frühzeitig vorliegenden Testergebnisse erlaubten eine weitgehende Objektivierung des Projektfortschritts. Das Projektmanagement hatte Klarheit über den Projektstand und konnte beizeiten Maßnahmen ergreifen. Dadurch konnte ein sehr ehrgeiziges Terminziel fast erreicht werden: Der geplante Einführungstermin wurde nur um einen Monat verfehlt.

3. Aufwandsschätzung und Nachkalkulation

Die Aufwandsschätzung auf der Basis des fachlichen und technischen Gesamtkonzepts wurde nach einem Ähnlichkeits- und Differenzen-Verfahren durchgeführt, d. h. die Aufgaben wurden soweit aufgegliedert, daß Ähnlichkeiten und Differenzen gegenüber vorangegangenen Projekten festgestellt werden konnten (Wolverton, 74). Dazu dienten ein detaillierter, aus der Modularisierung des Systems abgeleiteter Produktplan sowie ein Aufgabenplan, der auch alle organisatorischen und Quer-

schnittsaufgaben umfaßte. Diese Schätzung wurde durch das CO-
COMO-Verfahren (Boehm, 81) überprüft und durch Anwendung der
darin enthaltenen Aufwandsfaktoren für projektspezifische
Randbedingungen modifiziert. Das Ergebnis: 40 Mannjahre erwar-
teter Restaufwand des Entwicklungsteams ohne Umstellungpro-
jekte und Fachbereichsaufwand. Der angenommene Schätzfehler
betrug 25 %. Für die Konzeption waren bereits 17 MJ aufgewandt
worden.

Der geschätzte Gesamtaufwand wurde auf die einzelnen Entwick-
lungsabschnitte (Sockel) aufgeteilt und nach jedem Entwick-
lungsabschnitt nachkalkuliert. Dies erlaubte, rechtzeitig auf
Kapazitätsengpässe zu reagieren. Die Nachkalkulation nach Abschluß des Projekts ergab schließlich:

Teilprojekte		MJ
Entwicklerteam		63,0
davon Konzeption	17,0	
Realisierung und Einführung	46,0	
Umstellungsprojekte		9,0
Fachbereich		38,0
Summe		110,0

Tabelle 1: Gesamtaufwand in Mannjahren (MJ)

Der Aufwand des Fachbereichs war mit 38 Mannjahren wesentlich
höher als angenommen. Der Aufwand des Entwicklerteams für Realisierung, Test und Einführung lag um 15 % über der Schätzung
nach der Konzeptionsphase.

Nur etwa die Hälfte des Entwickleraufwands für Realisierung und Einführung wurde für die Produktentwicklung aufgewandt:

Teilprojekte	MJ
Anwendung Bestand	4,4
Anwendung Inkasso	10,5
Statistik	1,8
Zentrale Komponenten	2,3
Datenbank	1,0
Aufbau Jobnetze	2,1
Summe Produktentwicklung	22,1
Datenübernahme, Schnittstellen, Einführung	1,8
Entwicklungsumgebung, QS, techn. Support	5,1
Anwendertest-Unterstützung	1,5
Projektleitung	3,7
Kommunikation, Information, Schulung	4,6
Parallellauf/Produktionstests	7,2
Summe Umfeld und Support	23,9
Gesamtsumme	46,0

Tabelle 2: Entwickleraufwand für Realisierung und Einführung

Aufwandserhöhend wirkten folgende Faktoren:

- Das große Projektteam mußte vorwiegend aus unerfahrenen, neuen Mitarbeitern während der Realisierungsphase aufgebaut werden.
- Die technische Infrastruktur mußte auf ein Projekt dieser Größenordnung erst ausgerichtet werden (Entwicklungsumgebung, Testumgebungen, Configuration Management).
- Einige technische Konzepte (z. B. Dialog/Batch-Parallelbetrieb, Datenbank-Entwurf) mußten revidiert werden.
- Die Produktionstests wurden gegenüber dem Plan ausgeweitet.

4. Projektorganisation

Der eigentliche organisatorische Aufbau des ADAM-Projektes erfolgte aufgrund geänderter Zielsetzung und Projektgröße erst nach Abschluß der Konzeptionsphase. Hohe Management-Attention gab dem Projekt den notwendigen Rückhalt und Schwung. Im Rahmen des "Lenkungsausschusses" waren die Hauptverantwortlichen aller tangierten Bereiche und die Geschäftsleitung in das Projekt eingebunden. Zielkonflikte und grundlegende Fragen, wie die der Übergangs- und Rückzugsstrategie, wurden hier diskutiert und entschieden. Den Projektleiter unterstützte ein Projektmanagement-Team, dem der ORG/DV-Chef und der Leiter der Anwenderabteilung angehörten. Dieser Projektausschuß sah seine Aufgabe nicht nur in der Projektkontrolle. Hier wurden durch kritische Nachfragen Probleme frühzeitig erkannt und somit Handlungsspielraum für Entscheidungen geschaffen, die das Projekt auf Kurs hielten.

Dem Projektleiter wurden weitgehende Kompetenzen eingeräumt: fachliche und technische Konzeption, Planung und Organisation des Projektes, Auswahl und Einsatz der Projektmitarbeiter, Methoden- und Werkzeugeinsatz, direktes Berichts- und Vorschlagsrecht an den Lenkungsausschuß. Die von der Projektleitung angeforderten personellen (z. B. Datenbankspezialisten) und technischen Ressourcen (z. B. eine neue Datenbankschnittstelle) wurden mit hoher Priorität bereitgestellt.

Innerhalb kurzer Zeit wurde ein Team von 25 Entwicklern und einigen Mitarbeitern aus der Methoden- und Werkzeug-Gruppe, der Systemtechnik und der Arbeitsvorbereitung aufgebaut und - entsprechend der Aufgabenstruktur des Gesamtprojekts - in überschaubare Teilprojekt-Teams gegliedert (Bild 1). Die Teamleiter waren für die Erreichung der mit ihnen vereinbarten Meilensteine verantwortlich. In wöchentlichen Teamleiter-Meetings stimmten sie alle übergreifenden Pläne mit dem Projektleiter ab und legten Lösungswege für Probleme fest. Die Behandlung fachlicher und technischer Probleme, die nicht im Rahmen einzelner Teilteams lösbar waren, wurde an einen geeigneten Expertenkreis ("Design-Meeting") delegiert.
Ein "Chefdesigner" stellte die Konsistenz des Anwendungsentwurfs über die verschiedenen Teams hinweg sicher. Ein Review-Team prüfte alle Entwurfs-Dokumente. So gelang es trotz der Teamgröße, die Qualität des Entwurfs zu sichern und eine gemeinsame Sicht zu erhalten.

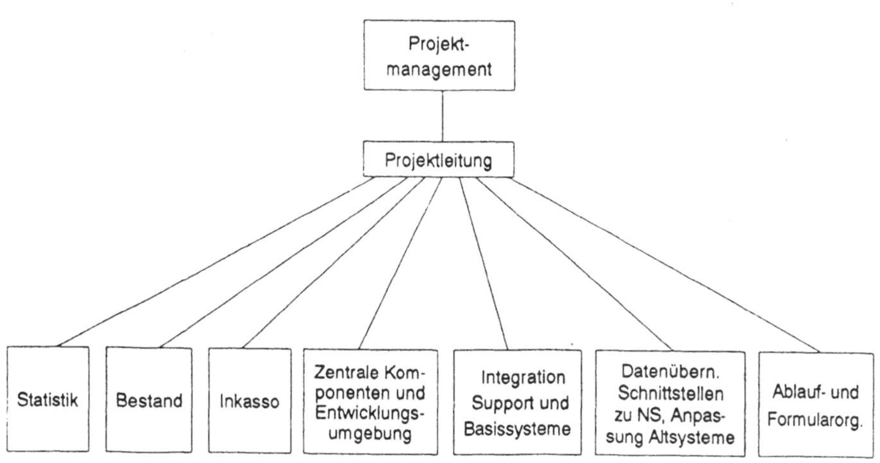

Bild 1: ADAM-Projektorganisation

Die bis zu 20 Mitarbeiter des Fachbereichs bildeten ein eigenes Organisations-Teilprojekt. Sie detaillierten die fachlichen Anforderungen, arbeiteten die Ablauforganisation aus, führten die Integrationstest durch und verfaßten die Benutzerdokumentation. Diese Elemente einer Linien-Projekt-Organisation (Daly, 79), die vor allem durch die Projekterfahrung des Fachabteilungsleiters wirksam wurden, entlasteten die Projektleitung und stärkten die Rolle des Anwenders. Die Verantwortlichen für die umzustellenden Nachbarsysteme wurden in einer Schnittstellen-Konferenz zusammengefaßt, in der Vorgehensweisen, Schnittstellen und Planungen abgestimmt wurden.

Für eine produktive Zusammenarbeit zwischen den Teilprojekten und Organisationseinheiten, vor allem zwischen Entwicklerteam und Anwendern, war auch die Pflege der informellen Kommunikation wichtig: Eine gemeinsame Wochenendreise des Projektteams nach dem ersten Sockel und einige Feste nach erreichten Meilensteinen trugen erheblich zum gegenseitigen Verstehen und zu der guten Zusammenarbeit bei.

5. Fachliches und technisches Konzept

In das abzulösende Altsystem waren über ein Jahrzehnt permanenter Weiterentwicklung eingeflossen. Der Fachbereich setzte seine Leistungen voraus. Sie waren ihm im einzelnen zum Teil nicht einmal bewußt - auch nicht dokumentiert. Die Gefahr, davon etwas Wichtiges bei der Spezifikation des neuen Systems zu vergessen, war groß. Bei der Erarbeitung des fachlichen Modells wurden erstmalig die Methoden der Funktions- und der Informationsanalyse eingesetzt. Es fehlte die Erfahrung in der Konzeption und Planung großer Informationssysteme. Die isolierte Anwendung der neuen Methoden führte rasch zu Sprach- und in der Folge zu Akzeptanzproblemen zwischen dem jungen Projektteam und den "Praktikern". Das Wissen über die bestehenden Verfahren ging zu wenig in die Neukonzeption ein. Statt rechtzeitiger Konzentration auf die Kernfunktionen - Voraussetzung für Machbarkeit und Wirtschaftlichkeit - flossen alle fachlichen Wünsche in das Modell ein. Die angewandte Methode

unterstützte eher die Detaillierung als die Modellierung der
Zusammenhänge. Sein Unbehagen über das Ergebnis drückte der
Leiter der Fachabteilung so aus: Wir haben jedes Schräubchen
genau beschrieben - aber am Ende war das Auto kaum noch zu
erkennen.

Die durchgängige Umsetzung der Ergebnisse der fachlichen Analyse in einem Systementwurf war nicht möglich. Das vorhandene
Material mußte auf die wesentlichen Anforderungen hin neu
strukturiert und verdichtet werden. Ein Wechsel in der Projektleitung unterstützte die notwendige Neuorientierung der
Vorgehensweise.
In dieser Phase wurde auf in Projekten bereits bewährte Methoden zurückgegriffen. Eine Liste der Geschäftsvorfälle aus Be-
nutzersicht diente als roter Faden. Die aus fachlicher Sicht
relevanten Daten wurden nach dem Entity-Relationsship-Modell,
der Dialogablauf mit Hilfe von Interaktionsdiagrammen (Denert,
77) modelliert, die Batchorganisation mit konventionellen Dar-
stellungstechniken (z.B. Datenflußdiagramme). Alle Funktionen
und Daten wurden einer kritischen Überprüfung unterzogen. Der
parallel erarbeitete technische Grobentwurf sicherte die Machbarkeit.

Basis für die Konstruktion des ADAM-Systems war ein Schichten-
modell (Bild 2), das als Standardarchitektur für betriebliche
Informationssysteme vorgeschlagen wurde (Denert, 85). Der Modularisierung lag das Prinzip der Datenabstraktion (Parnas,
72) zugrunde: In Datenkapseln wird bestimmtes Anwendungs-Know-
how konzentriert. Anwendungsfunktionen werden über Zugriffs-
operationen realisiert, die auf ein gemeinsames internes Mo-
dulgedächtnis zugreifen. Ausgangspunkt für die Modularisierung
der Anwendungsschicht war ein logisches Datenmodell nach dem
Entity-Relationship-Modell (Chen, 76). Ein Speicherver-
waltungsmodul stellte sicher, daß ein Datenbankzugriff alle im
Rahmen einer Transaktion aufgerufenen Datenabstraktionsmodule
versorgt (I/0-Optimierung) und somit die Modularisierung nicht
auf Kosten des Leistungsverhaltens geht. Um maximale Re-
dundanzfreiheit der zu wartenden Codemenge zu erreichen, wurde
angestrebt, alle Module der Anwendungsschicht für den Dialog-

wie für den Batchbetrieb aus einer gemeinsamen Quelle zu gene-
rieren. Dies wurde durch den Einsatz eines Macroprozessors und
das Verfahren der bedingten Generierung erreicht und reduzierte die zu wartende Codemenge erheblich. Auf der Basis der
aus den Interaktionsdiagrammen abgeleiteten Dialogtypen wurde
eine Standarddialogsteuerung implementiert. Eine zentrale
Störfallbehandlung, die Abschottung der DB/DC-Schnittstellen
und die Implementierung einer Schattendatenbank als schnelles
Back-up-Medium sicherten hohe Verfügbarkeit. Über ca. 80 Tabellen, die z. T. durch die Anwenderabteilung selbst gepflegt
werden, können vielfältige fachliche Anpassungen ohne Pro-
grammeingriff vorgenommen werden.

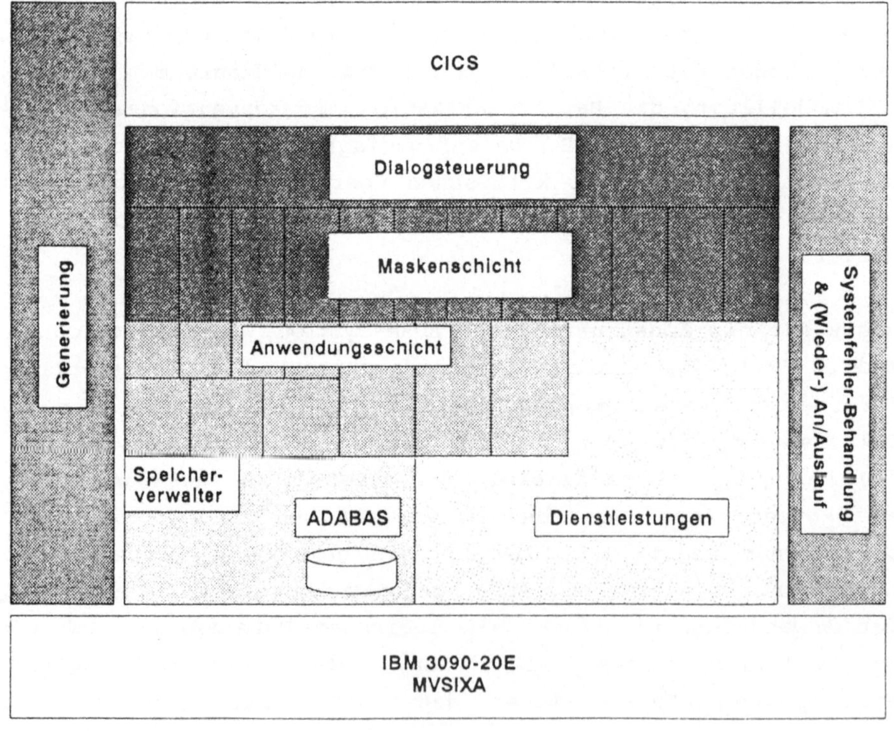

Bild 2 : ADAM-Architektur

Aufgrund des hohen Datenvolumens standen bereits beim ersten
Datenbankentwurf Performanceüberlegungen im Vordergrund. Ausgangspunkt war das logische Datenmodell, doch erst genaue Aus-
sagen über die Zugriffshäufigkeiten, die z.T. mit
wahrscheinlichkeitstheoretischen Methoden ermittelt wurden,
führten zu einem auf der Basis des eingesetzten DB-Systems
ADABAS tragfähigen Datenbankentwurf.
Der Einsatz einer Schatten-Datenbank ermöglichte es, den Ver-
fügbarkeitsanforderungen Rechnung zu tragen (Heydenreich, 88).
Die konsequente Modularisierung nach Schichten erlaubte die
Umsetzung der Erkenntnisse aus den Lastmessungen in wirksame
Tuningmaßnahmen ohne erheblichen Zusatzaufwand.

Die Größe der Datenbestände ließ eine flexible Auswertung der
operativen Datenbestände durch die Anwender nicht zu. Zu
diesem Zweck wurde daher eine separate Statistikdatenbank implementiert. Zur Abschätzung ihrer Größe wurden wahrschein-
lichkeitstheoretische Überlegungen angestellt, die in (Siedersleben, 89) dargestellt sind. Um den zusätzlichen Platten-
bedarf in wirtschaftlich vertretbaren Grenzen zu halten, werden die statistischen Grunddaten, die mit der Standardsoftware
ASS verwaltet werden, in sehr hoher Komprimierung abgelegt.
Für Endbenutzerauswertungen werden entkomprimierte höhere Ver-
dichtungsstufen zur Verfügung gestellt.

In die Statistik-DB werden täglich die Änderungen aus dem ope-
rativen System über eine Datenschnittstelle eingespielt. Die
Auswertungen führt der Benutzer mit Hilfe einer Sprache der 4.
Generation (FOCUS) durch.

Der Ausbau der Entwicklungsumgebung für das Projekt diente der
Entlastung der Kommunikation innerhalb des Entwicklungsteams
und der Verbesserung der Qualität. Für Spezifikation, Realisierung und Test wurden Standards festgelegt und so weit wie
möglich durch Werkzeuge unterstützt. Ein auf der Basis des
Code-Generators DELTA entwickelter Programmrahmen enthielt
standardisierbare Programmfunktionen wie Steuerungsfunktionen
und Fehlerbehandlung. Generierung der Schnittstellen und Da-
tensichten direkt aus dem Data-Dictionary sicherte deren Kon-

sistenz. Mechanismen zur automatischen Dokumentation von Verwendungsnachweisen im Dictionary und ein Verfahren zur werkzeuggestützten Rechenzentrums-Übergabe und Job-Control-Generierung aus dem Dictionary wurden entwickelt. Testumgebungen für Funktionsgruppen und Integrationstest mußten geschaffen werden: Mehrere getrennte Testdatenbanken mit rückladbaren definierten Ausgangsbeständen, Utilities zur Testdatenverwaltung, komplexe Test-Jobnetze.

Die ADAM-Software besteht (ohne Test- und Übernahmeprogramme) aus folgenden Komponenten:
- 30 Standardsoftwaremodule, mit denen Systemfunktionen der Adreßbearbeitung, der Textverarbeitung sowie der Verwaltung der Statistikdaten abgedeckt werden
- 200 eigenentwickelte Module und 150 Macros mit insgesamt 245.000 Lines of Code (LOC) DELTA-Source und 465.000 generiertem PL/1-Code (Expansionsfaktor 1,9)
- 75 4GL-Programme mit 17.000 LOC FOCUS-Code, die von Entwicklern realisiert wurden
- 850 generierte Jobs mit insgesamt 74.000 LOC Job-Control-Language.

Für anwendungsunabhängige Funktionen, wie z. B. Zugriffsschutz und Tabellenverwaltung, werden unternehmensweite Standardmodule genutzt.
Die starke Ausrichtung des Datenbankentwurfs an den häufigsten Dialog-Zugriffsanforderungen hat zu zufriedenstellenden Antwortzeiten geführt: 92 % aller Transaktionen liegen unter einer Sekunde. Pro Transaktion werden im Mittel 2,6 physische I/O's auf die Datenbank gemacht. Die CPU-Belastung liegt bei ca. 1 Mio. Instruktionen/Transaktionen. Davon entfallen ca. 15 % auf die Datenbank-Nutzung. Der ADAM-Dialog läuft gemeinsam mit den übrigen TP-Anwendungen auf einer IBM 3090-20E mit 2 * 17 MIPS, 64 MB Hauptspeicher und 64 MB Erweiterungsspeicher unter MVS/XA. Die 8 Giga-Byte der ADAM-Datenbank benötigen 20 Platten-Laufwerke IBM 3380-D. Dazu kommen 9 Laufwerke 3380-E für die Schatten-Datenbank. Folgende Leistungsdaten für den CPU-Bedarf (CPU-min) sowie für die Verweilzeit der großen Batchjobs bei verschiedenen Verarbeitungsvolumina wurden

gemessen (Zeitangaben in Minuten bei einer Prozessorleistung von 17 MIPS):

	Anzahl verarbeitete Sätze	CPU-min	Verweil- zeit	CPU-min je 1000
Rechnungslauf	862.500	125	305	0.145
"	1.193.500	187	380	0.157
"	1.450.000	202	430	0.139
Mahnungslauf	222.400	32	135	0.144
"	272.700	40	179	0.147

Tabelle 3: Batch-Leistungsdaten

Der CPU-Bedarf je 1000 verarbeiteter Sätze weist einen beinahe konstanten Wert auf (0.145 CPU-min je 1000 verarbeiteter Sätze, das entspricht 148.000 Instruktionen je verarbeitetem Satz).

6. Der Systemtest

Bereits der auf den Modul- und Komponetentest der Entwickler folgende Funktionsgruppentest wurde vom Fachbereich in eigener Regie durchgeführt. Entwickler leisteten hier nur technische und beratende Unterstützung. Diese Tests wurden durch umfangreiche Testdrehbücher vorbereitet (ca. 200 - 500 Testfälle je Funktionsgruppe), die parallel zur Ausarbeitung der Feinspezifikation der entsprechenden Funktionen erarbeitet wurden. Bereits bei der Erstellung der Testdrehbücher wurden Mißverständnisse und Spezifikationslücken aufgedeckt. Die Funktionsgruppentests wurden entwicklungsbegleitend über einen Zeitraum

von 14 Monaten, zum Teil in mehreren Iterationen,
durchgeführt.

Während der Systemtests wurden aus zahlreichen Messungen Hinweise für Tuningmaßnahmen gewonnen. Frühzeitige Messungen eines Dialog-Kernsystems waren auch Grundlage für die Hochrech-
nung der Systemlastspitzen und die Hardwareplanung.

Nach Abschluß der Softwareentwicklung ging ein Team aus Entwicklern und Fachbereichsmitarbeitern an den Integrationstest,
wiederum unter der Hauptverantwortung des Fachbereichs. Eine
Testdatenbank mit ca. 300 Mitgliedern überdeckte alle wichti-
gen Stammdatenkonstellationen. Der Testplan hatte die Schwerpunkte integrative Beziehungen und produktionsnahe Abläufe:
Von der Datenübernahme über Dialogeingaben und Tagesbatch bis
zu den periodischen und monatlichen Verarbeitungen einschließlich aller Folgeverarbeitungen in den nachgelagerten Systemen
(z. B. Finanzbuchhaltung). Durch Manipulation des Tagesdatums
konnte die Teststrecke von zwei Monaten im Zeitraffer durch-
laufen werden.

Eine vollständige parallele Verarbeitung des alten und des
neuen Verfahrens über mehrere Tage hinweg war wegen des Umfangs der damit verbundenen Dialogeingaben, aber auch wegen
der daraus resultierenden Systemlast nicht machbar. Deshalb
wurden in einem 14-tägigen Parallellauf nur die Dialogänderun-
gen der Berliner Mitglieder im ADAM-System zusätzlich erfaßt.
Ausgangspunkt war eine Übernahme aller Mitgliederdaten. Die
Jobnetze liefen zum ersten Mal unter Produktionsbedingungen.
Für besonders kritische Batchverarbeitungen, wie Rechnungs-
und Mahnlauf, gab es zusätzlich Sonder-Parallelverarbeitungen
auf einem vergleichbaren Gesamtbestand, d. h. nach einer eigenen Datenübernahme. Die Ergebnisse aller Batchauswertungen aus
beiden Systemen wurden abgeglichen. Das Ergebnis lohnte die
Mühe: Fehlerkonstellationen traten auf, die keinem Tester ein-
gefallen wären, vor allem jedoch wurde Klarheit über das Systemverhalten unter Produktionsverbindungen gewonnen.

Um die Bereinigung aller Fehler aus den Integrationstests und
Parallelläufen nachzuweisen, wurde der Integrationstest nach
dem gleichen Testplan als Abnahmetest wiederholt. In zahlreichen Übernahmetests wurde der Übergang vom alten zum neuen
Verfahren einschließlich der Umstellung aller betroffenen
Nachbarsysteme geprobt. In mehreren Dialog-Lasttests erzeugten
ca. 200 Mitarbeiter der Anwenderabteilung über mehrere Stunden
Hochsaisonlast. Restart/Recovery-Tests überprüften die Schnel-
ligkeit und Korrektheit des Wiederlaufs nach Betriebsunterbre-
chungen.

In den abschließenden Tests, welche die Produktionsreife des
ADAMs nachweisen sollten, wurde das konsequente Problem- und
Change-Management immer wichtiger: Alle Fehler wurden in Feh-
lerreports dokumentiert, zentral erfaßt, vom Fachbereich mit
Prioritäten versehen, ihre Behebung und der Nachtest tages-
genau geplant und durch das Projektmanagement verfolgt. Alle
Änderungen der abgenommenen Software mußten durch eine Freiga-
bekonferenz genehmigt werden.

7. Die Einführung

Die fachlich notwendige Neukonzeption der logischen Datenbasis
machte die Transformation der alten Daten in die neue Datenbasis zu einem anspruchsvollen Teilprojekt. Hinzu kam die Komplexität des Übergangs auf funktionaler Seite: Alle neu konzi-
pierten Fachfunktionen mußten am Tag des Überganges fachlich
richtig auf dem vom alten System hinterlassenen Zustand auf-
setzen.

Die Machbarkeit einer "Bridge-Rückwärts", d. h. eines Verfahrens, das es ermöglicht, nach der Einführung im Notfall auf
das alte System zurückzugehen, wurde geprüft. Das dafür
erarbeitete Konzept zeigte gravierende Probleme auf:
Inkonsistente Daten bzw. Fehlverarbeitungen im Neusystem
führen mit hoher Wahrscheinlichkeit auch zur Übergabe falscher
Daten an die Bridge. Deren Betrieb hätte erhebliche
Restriktionen für das Neusystem notwendig gemacht und hohe

zusätzliche Systemlast verursacht. Qualität und Testreife einer komplexen, am Ende des Projektes entwickelten Bridge wäre geringer als die des Neusystems - ein zusätzliches Risiko. Deshalb wurde gegen ihre Realisierung entschieden. Für die wichtigsten Verarbeitungen wurde einfache Notbetriebs-Software auf der Basis des Altsystems entwickelt. Eine umfassende Notorganisation wurde ausgearbeitet.

Die Auswirkungen von Störungen des Mitglieder-Systems sind gravierend: Allein eine nicht termingerechte Erstellung der Versandunterlagen für die Mitgliederzeitschrift würde Millionen kosten. Ohne eine funktionsfähige Mitglieder-Datenbank sind auch andere wichtige Informationssysteme nicht arbeitsfähig. Ein Rückzug auf das alte Mitgliedersystem nach dem Einführungszeitpunkt war nur innerhalb von wenigen Tagen unter aufholbarem Datenverlust möglich. Deshalb war die Projektstrategie vorrangig auf die Minimierung des Übergangsrisikos ausgerichtet. Die Datenbestände (Erweiterung der Mitgliedsnummer) und 350 Programme (bis auf ein Schnittstellen-Modul) der 13 mit dem ADAM-System verbundenen Nachbarsysteme wurden bereits Monate vor der ADAM-Einführung umgestellt. Einzelne ADAM-Komponenten wurden im Rahmen des alten Verfahrens vorab implementiert. Der Einsatz von Standard-Software hatte Vorrang. Es wurde so früh wie möglich und mit hohem Aufwand getestet.

Aus fachlichen Gründen konnte die Einführung jeweils nur am Monatsanfang stattfinden. Nur an einem Wochenende war genug Zeit für die umfangreichen Abschluß-, Übernahme- und Test-läufe. Auf zwei Rechnern liefen insgesamt 50 Datenübernahme-Jobs. Nach 24 Stunden war die Datenbank aufgebaut. Danach lief die erste Verarbeitung im neuen System: 850.000 Rechnungen wurden mit den neuen Programmen und Daten erstellt. Nach der Prüfung der Rechnungen und Kontrollisten wurden ADAM und die umgestellten Nachbarsysteme von allen betroffenen Fachabtei-lungen zum letzten Mal getestet. Hier ging es vor allem um technische Probleme beim Umschalten: Waren alle Programme in die Produktion übergeben? Waren die korrekten Systemtabellen eingerichtet?

8. Einsatzerfahrungen

Das ADAM-System nahm seine Funktion ohne Anlaufschwierigkeiten
auf. Hier zahlten sich die umfangreichen Tests und das konsequente Change-Management aus. Lediglich ein Handling-Fehler
verursachte eine gravierende Störung, die jedoch durch das
vorbereitete Notprocedere aufgefangen werden konnte. Die Antwortzeiten und Verfügbarkeit waren bereits im ersten Monat zufriedenstellend. Neben den über 200 Mitarbeitern der zentralen
Mitgliederabteilung arbeiten bereits heute 560 Mitarbeiter von
81 Geschäftsstellen mit dem ADAM-System. Die Benutzerakzeptanz
nach ca. zweijähriger Einsatzerfahrung ist unverändert gut.

Das Team für die Wartung und Weiterentwicklung des ADAM-Systems wurde aus dem ADAM-Entwicklungsteam heraus gebildet. In
zahlreichen Folgeprojekten wurden umfangreiche funktionale Erweiterungen, z. T. unter hohem Termindruck, realisiert, z. B.
bei der Einführung einer neuen Familienmitgliedschaft und der
Realisierung des Geschäftsstellen-Informationssystems.

Dabei wurde die Flexibilität des Systementwurfs unter Beweis
gestellt. Es wird hohes Augenmerk darauf gelegt, den erreichten Qualitätsstandard zu sichern. Die im Data-Dictionary abge-
legte Dokumentation wird entwicklungsbegleitend auf dem neue-
sten Stand gehalten. Die geänderten Programme werden z. T.
Codeinspektionen unterzogen. Kleinere Änderungsanforderungen
werden zu einem Release gebündelt und projektmäßig abgearbei-
tet. Alle 3 bis 6 Monate wird ein neues Release nach einem umfassenden Anwendertest ausgeliefert. Ein neues Verfahren für
das Konfigurationsmanagement unterstützt die Versionsverwal-
tung und -überstellung. Auch auf Seiten der Anwenderabteilung
ist es gelungen, das im ADAM-Projekt erarbeitete fachliche
Know-how zu erhalten. Eine im Verlauf des Projektes aufgebaute
DV-Koordinationsgruppe steuert die Systemnutzung, bereitet
fachliche Anforderungen für die Systementwicklung auf und
nimmt neue Systemversionen ab. Die in der 4. Generations-Spra-
che FOCUS erstellten Berichte werden von Spezialisten der Anwenderabteilung gepflegt.

9. Diskussion der Resultate

Die Erfahrungen aus den frühen Phasen des ADAM-Projektes zeigen, daß für eine erfolgreiche Durchführung von großen Systementwicklungsprojekten einige unabdingbare Voraussetzungen sachlicher, organisatorischer und personeller Art geschaffen werden müssen: klare Ziele, die vom Management getragen werden, definierte Verantwortlichkeiten und Projektstrukturen, fachlich kompetente Projektmitarbeiter aus der Anwender- und aus der DV-Abteilung, ein Projektleiter mit ausreichender Erfahrung und den notwendigen Kompetenzen. Der besonderen Problematik von Ablösungsprojekten, daß nämlich das Wissen über die betriebswirtschaftlichen Funktionen, Daten und Abläufe in den alten Anwendungssystemen verschüttet und das Verständnis der Fachabteilung auf bloßes Handhabungswissen reduziert ist, muß durch geeignete Vorgehensweisen Rechnung getragen werden.

Die Vorgehensweise der "inkrementalen Entwicklung" (Boehm, 81) eines großen Softwaresystems hat sich im ADAM-Projekt grundsätzlich bewährt. Sie machte das große Projekt beherrschbar, ermöglichte eine intensive Mitarbeit der Anwender, förderte die notwendigen Lernprozesse bei Entwicklern und Anwendern im Verlauf des Projektes und sicherte dadurch die Benutzerakzeptanz der realisierten Lösung. Gegenüber der produktorientierten Sicht klassischer Phasenkonzepte wurde in diesem Projekt der prozeßorientierte Ansatz einer evolutionären und partizipativen Systementwicklung (Floyd, 81) verfolgt: Die Kommunikation erfolgte nicht nur über Spezifikationen, sondern auch über eine Folge von Vorabversionen, Revisionen waren eingeplant, eine enge Zusammenarbeit von Entwicklern und Benutzern wurde bewußt gestaltet. Der Motivationsschub für alle Mitarbeiter, der aus frühzeitigen, vorzeigbaren Ergebnissen kommt, war unverkennbar. Durch die sehr intensive Mitarbeit des Fachbereichs im Verlaufe der gesamten Realisierungsphase war sichergestellt, daß die Entwicklung sich durchgehend an den fachlichen Anforderungen orientierte. Fachliche und technische Probleme wurden rechtzeitig deutlich und konnten in einer verbesserten Version im Rahmen der geplanten Entwicklungszeit ausgeräumt werden. Der hohe Testaufwand auf Seiten der Anwender war unverzichtbar, um die notwendige Sicherheit zu gewinnen. Ein weiterer positiver Effekt: Zahlreiche Fachbereichsmitarbeiter lernten das System vor der Einführungsphase gründlich kennen und standen dann als Multiplikatoren zur Verfügung.

Diese Vorgehensweise hat allerdings auch ihre Nachteile: Die frühen Fachbereichstests stellen eine hohe Belastung für das Entwicklungsteam dar, das zusätzlich zu den technischen Problemen der Realisierung permanent mit Fehlerreports und Spezifikationslücken konfrontiert wird. Die Konzentration bei der Detailkonzeption auf den Funktionsumfang eines Kernsystems kann dazu führen, daß konzeptionelle Schwierigkeiten erst in Folgesockeln zutage treten und dadurch ein Redesign von bereits realisierten Teilen der Anwendung notwendig wird. Die Qualität der Grobkonzeption bestimmt das Ausmaß dieser Gefahr. Andererseits müssen auch Ergebnisse, die nach konventionellen Phasenkonzepten erarbeitet wurden, im Verlauf eines Projektes immer wieder überarbeitet werden. Allgemeinheit des Entwurfs und seine Flexibilität bei neuen Anforderungen oder Erkenntnissen sind wirkungsvoller als umfangreiche und detaillierte Gesamtkonzeptionen.

Die vom Fachbereich abgenommene Systemspezifikation erwies sich als tragfähige Basis für die Projektabgrenzung und für eine realistische Schätzung des Projektaufwands. Im Verlauf des Projektes zeigte sich jedoch, daß gerade die fachlichen Zusammenhänge mit der größten Komplexität (z. B. Inkassowirkungen von Vertragsänderungen) durch diese Spezifikation ungenügend dargestellt wurden. In Folgeprojekten wird deshalb mehr Gewicht auf die Darstellung des Ablaufs innerhalb der Anwendung gelegt. Eine stärkere Orientierung der Systemspezifikation an konstruktiven Modellen kann den Übergang zum Systementwurf erleichtern.

Die Weiterentwicklung und der konsequente Einsatz von Methoden und Werkzeugen - mit Augenmaß für das Machbare und Wirksame - haben sich in diesem Projekt bezahlt gemacht: Junge Mitarbeiter konnten rasch in die Aufgabe hineinwachsen, durch Standardisierung und automatische Dokumentation wurden Qualität, durch Vermeidung von Integrationsproblemen Terminsicherheit gewonnen. Die Generierungsverfahren trugen durch wiederverwendbaren Code sowohl zur Verbesserung der Wartbarkeit als auch zur Produktivitätssteigerung bei. Bei aller Vorsicht gegenüber Produktivitätsmaßen auf der Basis von Lines of Codes (LOC) können die folgenden ADAM-Maßzahlen Hinweise auf diesen Zusammenhang geben: Bezogen auf den Gesamtaufwand des Entwicklungsteams von 63 MJ und die Sourcecodemenge von 262.000 LOC errechnet sich eine Produktivität von 4160 LOC/Mannjahr. Bezogen auf die generierte Codemenge (482.000 LOC) ergibt sich eine Produktivität von 7650 LOC/Mannjahr. Bezieht man die Job-Control in die Produktivitätsbetrachtung mit ein, so ergibt sich auf Basis der generierten Gesamtcodemenge eine Produktivität von 8825 LOC/Mannjahr.

In den Integrationstests traten erhebliche Probleme beim Konfigurationsmanagement auf. Hier fehlten ausgearbeitete organisatorische Verfahren und eine Werkzeugunterstützung. Dafür wurde ein eigenes Projekt initiiert. Eine erhebliche Steigerung der Produktivität kann durch frühzeitige Bereitstellung von Standards und Werkzeugen erreicht werden.

Eine wichtige Voraussetzung für den Projekterfolg war die Bereitschaft des Managements aller Ebenen, Verantwortung zu übernehmen und sich selber bei Bedarf für das Projekt einzusetzen. Entscheidend war jedoch der Teamgeist: Ohne das ausdauernde Engagement der Projektmitarbeiter aus Fachbereich und Entwicklung, ohne die gute Zusammenarbeit auch in schwierigen Phasen hätte das Projekt nicht erfolgreich sein können.

Rechnergestützte Qualitätssicherung

Innerbetriebliche Projekte haben oft mit mehr Schwierigkeiten zu kämpfen als Produktentwicklungen, vor allem wegen unklarer Kompetenzen und konkurrierender Zielsetzungen der Beteiligten. Umso mehr ist der breite Rücken des Projektleiters gefragt.

Das hier vorgestellte Projekt beschreibt die Entwicklung eines Systems für die Qualitätssicherung, vor allem beim Wareneingang. Es ist geprägt durch räumlich verteilte Interessenten einerseits, ein außergewöhlich gut harmonierendes Entwicklerteam andererseits.

Neben Fragen der Projektorganisation und der Personalbereitstellung behandelt der folgende Beitrag vor allem

- die Bedeutung der Projektplanung für die Qualität eines Software-Produkts

- die eingesetzten Methoden für Aufwandsschätzung, Qualitätssicherung, Dokumentation, Configuration-Management sowie Funktionsmodularisierung, auch im Hinblick auf die Mehrfachverwendung von Software-Modulen

- Kennzahlen des Entwicklungsprozesses und des Software-Produkts

Es berichtet der Projektleiter.

Zielsetzungen

Das primäre Projektziel war die Entwicklung und Einführung eines
computer-gestützten Informationssystems für die Qualitätssicherung
von fremdbeschafften (eingekauften) Produktionsteilen und Roh-
stoffen. Diese Neuorganisation sollte

- das bereits vorhandene Informationssystem für dieses Anwendungsgebiet ablösen;
- durch Kosteneinsparungen bzw. durch eine Verbesserung des
  Qualitätsniveaus die Entwicklungskosten innerhalb von drei
  Jahren amortisieren;
- unternehmensweit für alle Werke eingeführt werden.

Ein weiteres Projektziel war es bestimmte Systemfunktionen und
Schnittstellen (z. B. zur Einbindung in ein Materialsteuerungssystem) parametrisierbar zu machen, damit sich die Software auch
für den Einsatz außerhalb der eigenen Unternehmung eignet.

Ausgangssituation, Projektumfeld und Projekteinzelziele

Das bisher bestehende Qualitätssicherungssystem für fremdbeschaffte
Produktionsteile (Rohstoffe, Einzelteile, Baugruppen) wurde zwar
in allen vier Werken des Unternehmens eingesetzt aber sehr unterschiedlich genutzt. Bei den organisatorischen Abläufen bestanden
beträchtliche Abweichungen, die allerdings nur teilweise produkt-
bedingte Ursachen hatten und überwiegend entstanden waren, weil
bisher bei den gegebenen Rahmenbedingungen keine Notwendigkeit zur
Vereinheitlichung bestand.

Von allen vier Produktionsstätten wurden zum Zeitpunkt der Projektrealisierung Rohmaterialien und vorgefertigte Teile von rund 1500
in- und ausländischen Lieferanten bezogen. Hinsichtlich der weiteren Eckdaten ergab sich folgendes Mengengerüst:

Der Gesamtbestand an Prüfplänen betrug 36 000 Einzelpläne. Pro
Monat wurden 7 700 Prüflose bearbeitet. 800 Prüflose davon
wurden wegen Qualitätsmängeln beanstandet.

Eine erste grobe Bedarfsanalyse ließ sehr bald erkennen, daß in
allen vier Produktionsstätten ein sehr ähnliches Anforderungs-
profil für eine Neuorganisation der Qualitätssicherung für ein-
gekaufte Produktionsteile vorlag. Auch war insgesamt das wirtschaftliche Potential für die Realisierung eines neuen computer-
gestützten Informationssystems für dieses Anwendungsgebiet
gegeben. Aufgrund dieser Erkenntnisse wurden auf Vorschlag des
Projektteams durch das Management (Benutzerbereiche und IS-
Funktion) folgende Projekteinzelziele festgelegt:

- Gemeinsame Organisations- und Systementwicklung für alle
  4 Produktionsstätten, um die Systementwicklungskosten zu
  optimieren und den Produkttransfer zwischen den Lokationen
  zu erleichtern.
- Rationalisierung der Qualitätsplanung durch Verbesserung
  der Hilfsmittel für die Erstellung und Verwaltung von
  Prüfplänen.
- Reduzierung des Prüfaufwandes durch die Anwendung geeigneter statistischer Methoden.
- Senkung der Kosten für die Bearbeitung fehlerhafter Prüflose durch die Bereitstellung aktueller Qualitätsdaten.
  Realisierung des Konzeptes der VORBEUGENDEN QUALITÄTS-
  SICHERUNG und damit Sicherstellung eines gleichbleibenden
  Qualitätsniveaus durch entsprechenden Datenaustausch mit
  den Lieferanten.

Problemlösung

Zur Erreichung der genannten Ziele wurden durch das Projektteam
computer-gestützte Arbeitsabläufe definiert, die nachfolgend kurz
skizziert und in Abb. 1 schematisch dargestellt werden.

Datenbasis

Grundlage des gesamten Informationssystems sind vier (sehr
flach strukturierte) hierarchische Datenbanken für Prüfplane,
Prüflose, Vergangenheitsdaten und allgemeine Textdaten.

Prüfplanverwaltung

Der Prüfplan ist die Basis jeglicher Qualitätssicherung und wird
vom Qualitätsingenieur aufgestellt, um die zur Qualitätssicherung geplanten Maßnahmen zu definieren. Er besteht aus den

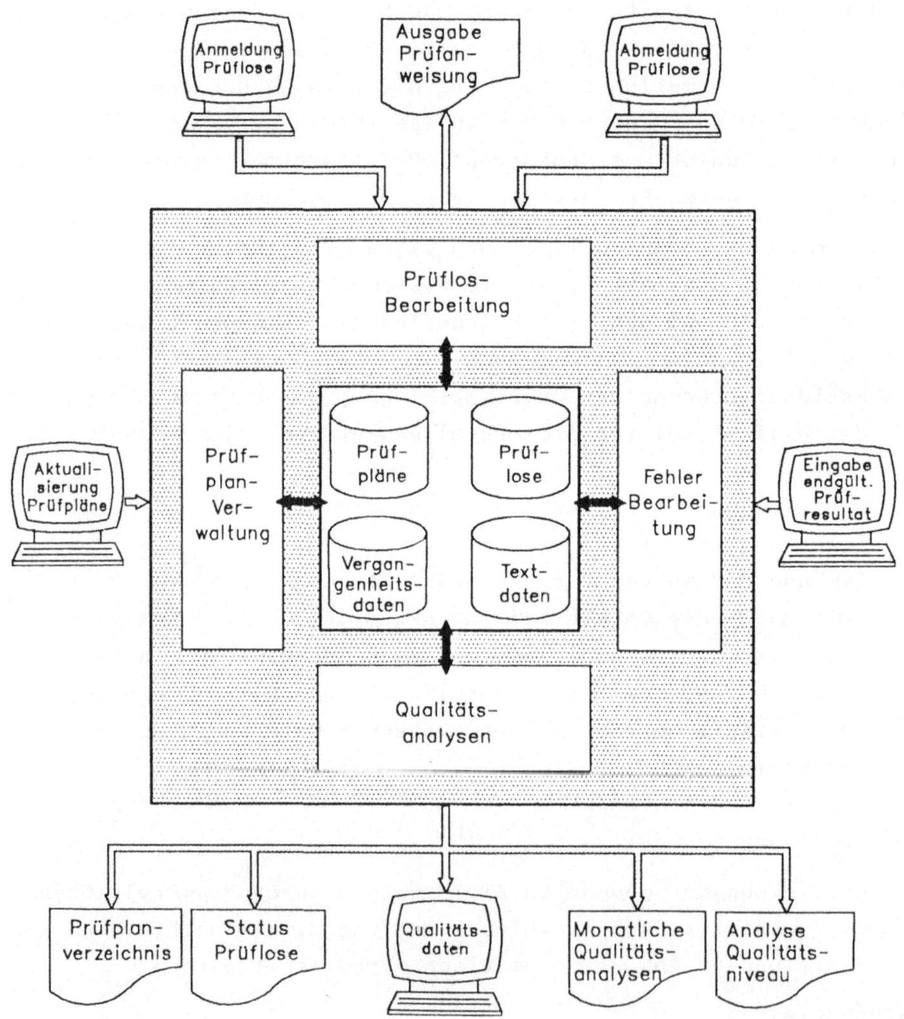

Abb. 1 (Datenbasis und Geschäftsvorgänge)

sogenannten allgemeinen Prüfplandaten wie zum Beispiel Teilenummer, Teilebeschreibung, technischer Änderungsstand, Lieferquelle und den Prüfmerkmalsdaten, die im Detail die einzelnen
Prüfarbeitsgänge bei einer Qualitätsprüfung beschreiben. Das
Prüfplankonzept erlaubt durch seinen hierarchischen Aufbau eine
sehr effiziente Nutzung bereits vorhandener Prüfpläne.

Prüflosbearbeitung

Der Kern des gesamten Informationssystems ist die Prüflosbearbeitung. Als Prüflose werden einzelne Warenlieferungen
bezeichnet, die Gegenstand einer Qualitätsprüfung sind oder
sein können. In diesem Zusammenhang werden die folgenden
Vorgänge computer-gestützt abgewickelt:

PRÜFLOSANMELDUNG: Es handelt sich hier um einen automatischen
Datentransfer vom Wareneingangsteil des Materialsteuerungs-
systems oder um eine manuelle Dateneingabe, die das Prüflos
beschreibt (Teilenummer, techn. Änderungsstand, Lieferquelle,
Liefermenge).

BESTIMMUNG DER PRÜFMASSNAHMEN: Die Festlegung der angemessenen
Prüfmaßnahmen ist eine der Hauptaufgaben des Systems. Dieser
Vorgang wird vollautomatisch aufgrund des vorliegenden teil-
nummer- und lieferantenspezifischen Prüfplanes, der festge-
legten statistischen Regeln und der relevanten Qualitätsdaten
von früheren Lieferungen dieses Lieferanten durchgeführt.
Vereinfacht dargestellt sind drei Ergebnisse denkbar: Keine
Prüfung, Stichprobenprüfung, 100%-Prüfung.

PRÜFANWEISUNG/PRÜFERGEBNISSE: Entsprechend den errechneten
Prüfmaßnahmen wird eine individuelle Prüfanweisung für den
Qualitätsprüfer ausgedruckt. Die festgestellten Prüfergebnisse
werden im Rahmen der Prüflosabmeldung in der Qualitätsdaten-
basis erfaßt.

FEHLERBEARBEITUNG: Dieses Subsystem dient zur Bearbeitung von
Prüflosen bei denen Qualitätsmängel festgestellt wurden.

MESSDATENERFASSUNG: Diese Funktion automatisiert die Erfassung
der Prüfergebnisse, sofern diese durch Meßmaschinen bereitgestellt werden.

Online-Datenanzeigen und Berichtswesen

Der Schwerpunkt dieser Funktion liegt in der Unterstützung der
Qualitätsanalysen, der Steuerung sowie der Kontrolle der Qualitäts-
sicherung und bildet somit die Basis für das Konzept der VORBEU-
GENDEN QUALITÄTSSICHERUNG. Die Qualitätsdaten werden im Rahmen von
Standard ONLINE-Abfragen und BATCH-Berichten ausgewertet. Zusätzlich
werden Datenextrakte für die Auswertung mit Endbenutzersprachen zur
Verfügung gestellt. Die Programmierung erfolgt bei diesen Auswer-
tungen direkt in den Benutzerbereichen.

Personelle Organisationsstruktur zur Projektdurchführung

Für die Projektrealisierung wurde eine zeitlich begrenzte Projektorganisation etabliert, die die bestehende Linienorganisation
überlagerte (Abb. 2).

Das Projekt-Team bestand aus Mitarbeitern des Bereiches Informationssysteme (IS) und der beteiligten Benutzerfunktionen. Die IS-
wie die Benutzer-Mitarbeiter wurden entweder von auslaufenden
anderen Projekten abgezogen oder von ihren bisherigen Aufgaben
für die Dauer des Projektes freigestellt. Vom IS-Bereich waren
über die ganze Projektlaufzeit der Projektleiter und zwei Systemanalytiker abgestellt. Während der eigentlichen Realisierungsphase wurde dieses Kern-IS-Team noch um bis zu fünf Programmierer
erweitert.

Alle am Projekt beteiligten Produktionsstätten hatten einen Benutzervertreter benannt. Einer dieser Benutzervertreter übernahm
die Koordination der Benutzerinteressen und wird im weiteren
Alpha-Benutzer genannt. In zwei Werken wechselten die Benutzervertreter während der Projektlaufzeit.

Alle IS-Mitarbeiter wie auch der Alpha-Benutzer hatten während
der Zugehörigkeit zum Projekt-Team keine nennenswerten anderen

(möglicherweise in Konkurrenz stehenden) Aufgaben durchzuführen.
Dies traf für die anderen Benutzervertreter (Beta-Benutzer)
nicht zu.

Hinsichtlich der Formalausbildung war das Projektteam wie folgt
zusammengesetzt:

    a) IS-Team: 2 Ingenieure, 1 Betriebswirt, 2 Techniker(innen),
       3 Kaufleute (kaufm. Lehre)

    b) Benutzer-Team: 3 Ingenieure, 1 Techniker

Die Team-Mitglieder waren zwischen 28 und 55 Jahre alt (Durch-
schnittsalter ca. 37 Jahre, durchschnittliche Betriebszugehörig-
keit ca. 12 Jahre).

VII Projektorganisation

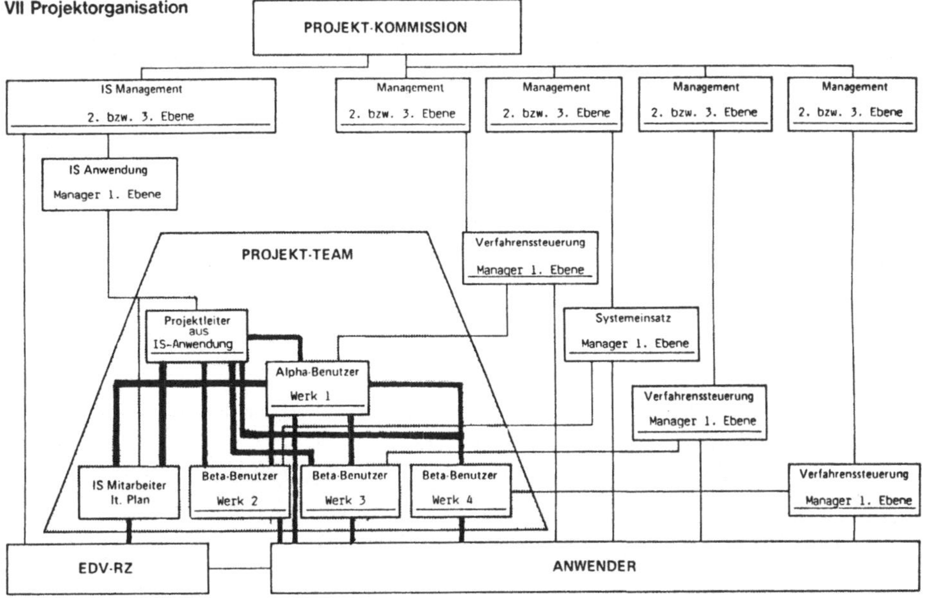

Abb. 2

    Erläuterungen:
    ▬▬▬ fachliche Kommunikationswege im Projekt
    ─── hierarchische Berichtswege in der Organisation

    Der Alpha-Benutzer sowie zwei der Beta-Benutzer hatten
    ihren Arbeitsplatz in anderen Werken als das IS-Team
    (Entfernung zwischen 200-700 km).

Das Projekt war eingebettet in die in Abb. 2 skizzierte Managementstruktur, die sich aus der Linienorganisation ableitete. Die Management-Struktur zeigt die Eskalationswege bei Konfliktfällen und Ausnahmesituationen sowohl in der IS-Funktion wie in den Benutzerfunktionen der vier Werke. Die Projektkommission - bestehend aus Managern der 2. bzw. 3. Managementebene - war insbesondere zuständig für die formalen Phasenfreigaben. Bei Freigaben von Finanzmitteln wurde die Projektkommission um einen Manager der Controller-Funktion erweitert. Außerdem war bei gewissen Phasenfreigaben die Beteiligung der Personalfunktion und des Betriebsrates vorgesehen, um eventuelle personelle Maßnahmen, die im Zusammenhang mit der Projekteinführung stehen, zu beurteilen und freizugeben.

Bei der beschriebenen Projektorganisation wurden die Projektmitarbeiter auf Zeit von der Linienorganisation ausgeliehen. Diese Art der Personalbereitstellung ist für derartige Vorhaben durchaus üblich und in der Regel auch erfolgreich.

Allerdings bedürfen drei Schwachstellen der besonderen Aufmerksamkeit des zuständigen Projektleiters. Die von der Linienorganisation abgestellten Mitarbeiter müssen über die notwendigen fachlichen Qualifikationen bzw. über das Potential verfügen, diese Qualifikationen zu entwickeln. Sofern die Mitarbeiter nicht zu 100% für das Projekt abgestellt sind, muß die Linienorganisation sicherstellen, daß die Projektarbeit mengenmäßig nicht im Konflikt mit anderen Aufgaben steht. Außerdem hat die Linie Kontinuität zu gewährleisten, d. h. eine starke Personalfluktuation muß verhindert werden.

Bei dem Projekt waren zeitweise zwei der beschriebenen Schwachstellen gegeben. Bei Projektstart lag nach Meinung der IS-Funktion die Alpha-Benutzerverantwortung nicht in der Organisationseinheit, die auf diesem Anwendungsgebiet die meiste Sachkenntnis hatte. Dies führte zu Akzeptanzproblemen des benannten Alpha-Benutzers im Projekt-Team. Dieses Problem wurde nach ca. einem Jahr im Sinne der IS-Funktion gelöst, d.h. die Alpha-Benutzerverantwortung wurde dem Vertreter eines anderen Werkes übertragen.

Außerdem gab es bei den Beta-Benutzern immer wieder einmal mengen-
mäßige Konflikte zwischen dem notwendigen Zeitaufwand für die Projektarbeit und dem erforderlichen Zeitaufwand für andere - nicht
zur Projektarbeit zählenden - Aufgaben.

Zeitlicher Projektablauf und Projektaufwand

Projektstudie

Vor dem tatsächlichen Projektstart wurde eine Projektstudie
(Bedarfsanalyse) erstellt. Zweck dieser Studie war das Ab-
grenzen des Funktionsumfangs der Neuorganisation sowie das
Abstecken eines Zeitplanes für deren Realisierung und Einfüh-
rung. Zusammenfassend enthielt die Studie hinsichtlich der
Projektplanung (Abb. 3) die folgenden Aussagen:

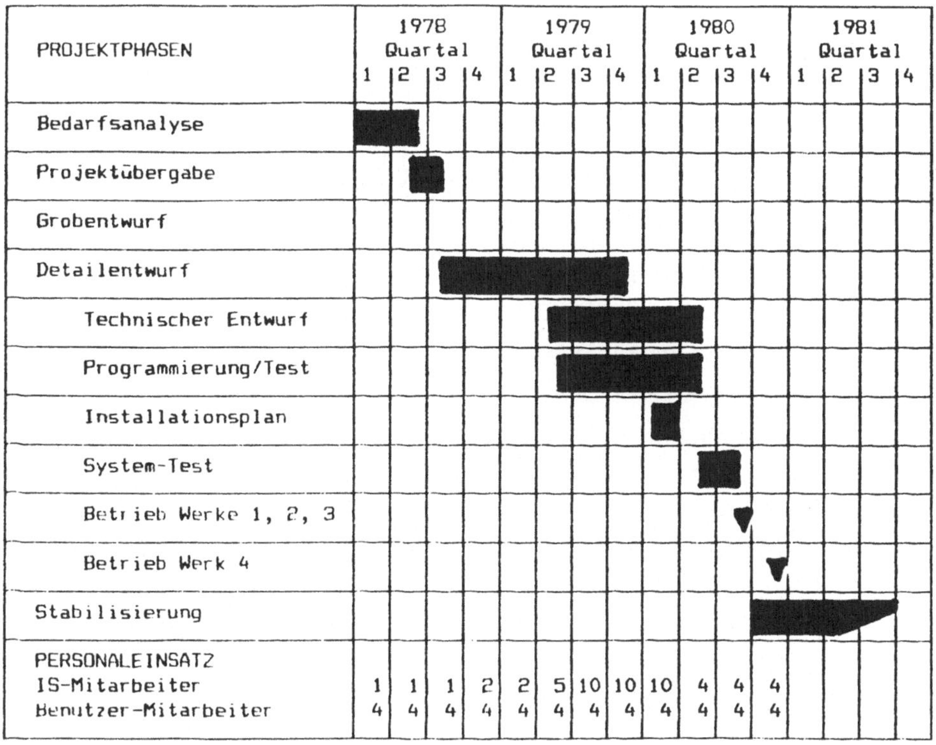

PROJEKTPHASEN	1978 Quartal				1979 Quartal				1980 Quartal				1981 Quartal			
	1	2	3	4	1	2	3	4	1	2	3	4	1	2	3	4
Bedarfsanalyse																
Projektübergabe																
Grobentwurf																
Detailentwurf																
Technischer Entwurf																
Programmierung/Test																
Installationsplan																
System-Test																
Betrieb Werke 1, 2, 3																
Betrieb Werk 4																
Stabilisierung																
PERSONALEINSATZ IS-Mitarbeiter	1	1	1	2	2	5	10	10	10	4	4	4				
Benutzer-Mitarbeiter	4	4	4	4	4	4	4	4	4	4	4	4				

EMPFEHLUNG: Die Projektphase Grobentwurf wurde mit der Bedarfsanalyse
            abgedeckt und kann übersprungen werden.

Abb. 3

Für das Projekt wurde ein Arbeitsaufwand von 110 Arbeitsmonaten
(AM) für die IS-Funktion und von 60 AM für die Benutzerfunktionen geschätzt. Phasenanteilig ergab sich aufgrund des vorliegenden Zeitplanes folgende Aufteilung:

	IS-Aufwand	Benutzer-Aufw.
Bedarfsanalyse/Grobentwurf	3 AM (3%)	6 AM (10%)
Detailentwurf	22 AM (20%)	15 AM (25%)
Programmierung/Test	70 AM (64%)	14 AM (23%)
Systemtest/Einführung	15 AM (13%)	25 AM (42%)
Total	110 AM (100%)	60 AM (100%)

Analyse der Projektstudie durch IS-Projekt-Team

Zum Zeitpunkt des Projektstarts wurde ein IS-Kern-Team, bestehend aus dem Projektleiter und 2 Systemanalytikern, gebildet.
Dieses Kernteam war IS-seitig für die organisatorische und
technische Projektentwicklung sowie für die Projekteinführung
zuständig. Außerdem hatten die vier Benutzerbereiche je einen
Benutzervertreter benannt.

Die Mitarbeiter des IS-Kern-Teams waren nicht an der Erstellung
der Projektstudie beteiligt und hatten sich zunächst auf der
Basis der Studienergebnisse in die Aufgabenstellung einzuarbeiten.
Dabei kamen sie zu folgenden Erkenntnissen:

a) Die vorgesehenen Projektfunktionen sind mit den zur Verfügung
   stehenden Daten sowie den gegebenen organisatorischen
   und technischen Mitteln realisierbar.
b) Die vorliegende Projektstudie hat nicht den Detaillierungs
   grad eines Grobentwurfs, d. h. die Empfehlung, diese
   Projektphase zu überspringen und direkt mit der Detailent-
   wicklung zu beginnen, ist nicht realistisch.
c) Der geschätzte IS-Aufwand ist in sich nicht schlüssig.
d) Die vorgeschlagene Vorgehensweise beinhaltet beträchtliche
   Risiken.

Die wesentlichen Aspekte, die unter die Punkte c) und d) fallen,
sind nachfolgend ausgeführt:

1) Unter der Annahme, daß der Programmieraufwand mit 70 AM (siehe folgendes Beispiel, Spalte R1) korrekt geschätzt wurde, ergäbe sich ein wesentlich höherer Gesamtaufwand als 110 AM für das IS-Projekt-Team insgesamt. Unterstellt man andererseits den Gesamt-IS-Aufwand von 110 AM als korrekt geschätzt (siehe folgendes Beispiel, Spalte R2), dann müßte der anteilige Programmieraufwand wesentlich niedriger sein. Diese Schlußfolgerungen ergeben sich, wenn man von der in dem folgendem Beispiel angenommenen IS-Aufwandsverteilung ausgeht, die für ein Projekt dieser Größenordnung zutreffend sein dürfte.

		für R1	für R2	vgl. Studie
Beispielrechnung ergibt bei		für R1	für R2	Studie
Bed.-Anal./Grobentwurf	15 %	35 AM	16 AM	3 AM
Organisatorischer und				
techn. Detailentwurf	35 %	82 AM	39 AM	22 AM
Programmierung/Test	30 %	**70 AM**	33 AM	70 AM
Systemtest/Einführung	20 %	47 AM	22 AM	15 AM
Total		234 AM	**110 AM**	110 AM

2) Die Dauer der Projektplanungsphasen (Bedarfsanalyse, Grobentwurf, Detailentwurf) sind mit großer Wahrscheinlichkeit mengenmäßig unterschätzt und zeitlich zu kurz bemessen. Eine Projektdurchführung unter diesen Bedingungen würde zu Planüberschreitungen führen und hätte negative Auswirkungen auf die Qualität der Software mit entsprechend hohen Folgekosten in der Betriebsphase.

3) Die Projektplanungsphasen und die Projektrealisierungsphasen überlappen sich zeitlich sehr stark, ohne daß diese Vorgehensweise durch eine stufenweise Installation des Projektes abgesichert wäre.

4) Das IS-Projekt-Team soll innerhalb von 6 Monaten von 2 auf 10 Mitarbeiter erhöht werden. Ein wirtschaftlicher Einsatz des IS-Personals ist unter diesen Voraussetzungen nicht gewährleistet, weil ein angemessener KNOW-HOW-Transfer in dem genannten Umfang in so kurzer Zeit nicht durchführbar ist.

5) Das Gesamtprojekt wird in einer Stufe installiert. Mögliche
   Probleme bei der Umsetzung der Benutzeranforderungen können
   somit erst zum spätestmöglichen Zeitpunkt erkannt und bereinigt
   werden. Ebenso müssen alle organisatorischen Umstellungen im
   Benutzerbereich zum selben Zeitpunkt erfolgen. Wünschenswert
   wäre eine Installation des Gesamtfunktionsangebots in mindestens zwei Projektstufen zur Reduzierung dieser Risiken.

**Vorschläge zur Änderung der in der Projektstudie empfohlenen
Vorgehensweise**

Dem IS- und dem Benutzermanagement wurden vom verantwortlichen
Projektleiter folgende Änderungen hinsichtlich der Vorgehensweise vorgeschlagen:

1) Ergänzung der vorliegenden Projektstudie (Bedarfsanalyse), um
   für alle Benutzeranforderungen ein gleiches Definitions- und
   Dokumentationsniveau zu erreichen.
2) Durchführung der Projektphase Grobentwurf vor Beginn des
   Detailentwurfs.
3) Aufteilung des Gesamtprojektes in 2-3 unabhängige Instal-
   lationsstufen.
4) Überarbeitung aller Projektzeitpläne aufgrund der Ergebnisse des Grobentwurfs.

Diese Vorschläge wurden vor allem in den Benutzerbereichen zunächst recht negativ aufgenommen, weil dadurch der bisherige
Planfertigstellungstermin - der allerdings nie bzw. nur mit
gravierenden Qualitätseinbußen haltbar gewesen wäre - sich um
ca. ein Jahr verzögerte. Außerdem war aufgrund des genauer spe-
zifizierten Gesamtprojektvolumens ein beträchtlicher Anstieg des
IS-Aufwandes mit entsprechenden Auswirkungen auf die Wirtschaftlichkeit des Vorhabens absehbar. Trotzdem wurden die Vorschläge
schließlich als Basis für das weitere Vorgehen akzeptiert.

Auf Mitarbeiterebene führte diese Planänderung allerdings zunächst
zu einer Belastung (Vertrauensverlust) bei der Zusammenarbeit
zwischen IS-Projekt-Team und Benutzervertretern. Diese Belastung
dauerte mit abnehmender Intensität ca. sechs Monate. Dann wurde
für alle die Notwendigkeit der Plananpassung nachvollziehbar.

Revidierter Projektplan (Soll-/Ist-Termine)

Mit Abschluß und Freigabe der Projektphase Grobentwurf wurde der
folgende Projektplan (Abb. 4) verabschiedet. Alle vorgesehenen
Phasen- und Installationstermine konnten dann zum geplanten
Zeitpunkt auch tatsächlich realisiert werden. Rückblickend
betrachtet war es für den Projekterfolg eine der wichtigsten
- wenn auch bei weitem nicht populärsten - Entscheidungen, den
Gesamtprojektplan auf eine realistische Basis zu stellen.

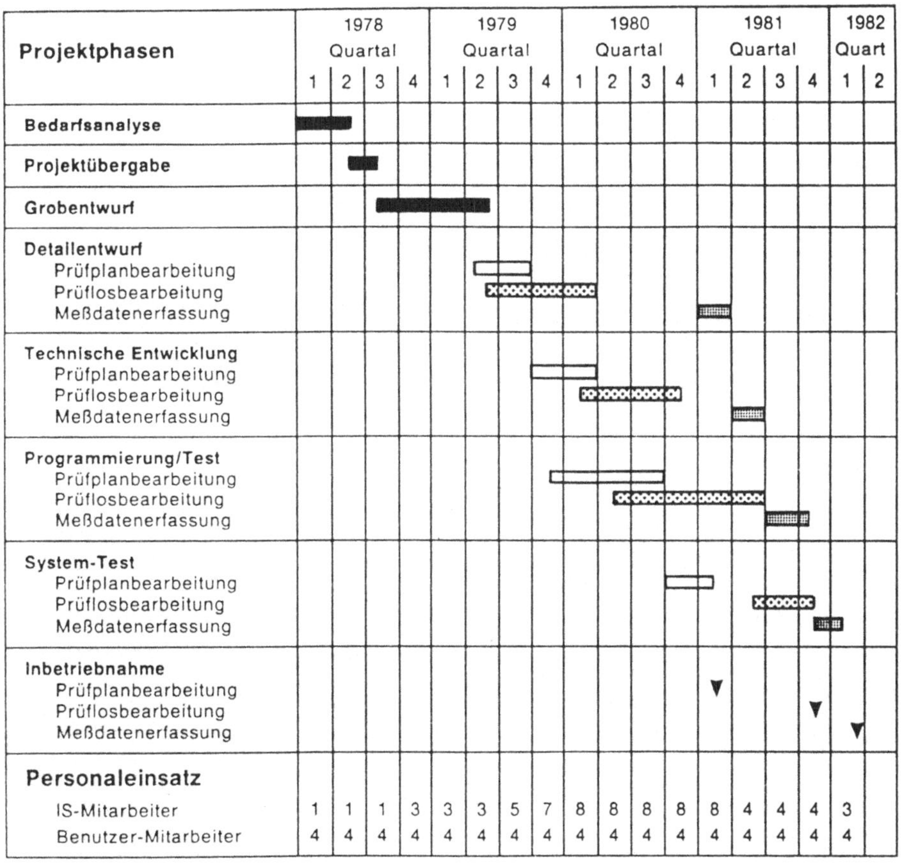

Projektphasen	1978 Quartal				1979 Quartal				1980 Quartal				1981 Quartal				1982 Quart	
	1	2	3	4	1	2	3	4	1	2	3	4	1	2	3	4	1	2
Bedarfsanalyse																		
Projektübergabe																		
Grobentwurf																		
Detailentwurf																		
Prüfplanbearbeitung																		
Prüflosbearbeitung																		
Meßdatenerfassung																		
Technische Entwicklung																		
Prüfplanbearbeitung																		
Prüflosbearbeitung																		
Meßdatenerfassung																		
Programmierung/Test																		
Prüfplanbearbeitung																		
Prüflosbearbeitung																		
Meßdatenerfassung																		
System-Test																		
Prüfplanbearbeitung																		
Prüflosbearbeitung																		
Meßdatenerfassung																		
Inbetriebnahme																		
Prüfplanbearbeitung													▼					
Prüflosbearbeitung															▼			
Meßdatenerfassung																▼		
Personaleinsatz																		
IS-Mitarbeiter	1	1	1	3	3	3	5	7	8	8	8	8	8	4	4	4	3	
Benutzer-Mitarbeiter	4	4	4	4	4	4	4	4	4	4	4	4	4	4	4	4	4	

Abb. 4

Der revidierte IS-Planaufwand (Basis Grobentwurf) für die
Projektdurchführung und -einführung betrug 170 AM. Tatsächlich
aufgewendet wurden 163 AM. Der Planaufwand in den Benutzerbereichen betrug 60 AM und dürfte tatsächlich in der Größenordnung
50-65 AM gelegen haben. Eine konsolidierte Ist-Erfassung über
den Aufwand in den Benutzerbereichen liegt nicht vor. Das Gesamt-
projektvolumen (IS- und Benutzerpersonal, projektspezifische
Hardware, Maschinenzeiten zum Testen, Gemeinkostenanteil für
Management- und Sekretariatsdienste sowie anteilige Büroraum-
kosten) betrug vier Millionen DM.

Eingesetzte Methoden

Für die Projektdurchführung kam das im Unternehmen als Richtlinie eingeführte **Vorgehensmodell** für die Entwicklung von Informationssystemen zur Anwendung, das Anzahl, Inhalt, Verantwortung und Freigabe von Projektphasen allgemeinverbindlich
regelt. Außerdem hatte das IS-Projekt-Team zusätzlich Vereinbarungen hinsichtlich der Arbeitsweise für die Entwicklung
des technischen System-Designs getroffen. Einige dieser Vereinbarungen werden in diesem Abschnitt noch angesprochen.

TOP/DOWN-DESIGN: Bei der Projektstrukturierung und beim Funk-
tions-Design kam der konventionelle TOP/DOWN-Ansatz zur Anwendung. Diese klassische Vorgehensweise konnte konsequent und
mit gutem Erfolg angewendet werden, weil das Anwendungsgebiet
für das Informationssystem verhältnismäßig gut bekannt war und
die erforderlichen Systemfunktionen von den Benutzern entsprechend vollständig definiert werden konnten. Die Tatsache,
daß für das Anwendungsgebiet bereits ein Informationssystem
eingeführt war, hat den Design-Prozeß für die Neuorganisation
erleichtert und zur Stabilität der definierten Systemanforde-
rungen beigetragen.

TECHNISCHER DETAILENTWURF: Dieses im Vorgehensmodell nicht
vorgesehene Phasendokument umfaßte bei BATCH-Funktionen (Stapel-
betrieb) den Programm- und den Modul-Design, den Job-Design
(automatischer Ablauf mehrerer Programme) den Netz-Design
(automatischer Ablauf mehrerer Jobs) und die zugehörigen
Restart- und Datensicherungsprozeduren. Bei ONLINE-Funktionen

bestand das Dokument aus Programm- und Modul-Design und dem
Kommunikations-Design zwischen den ONLINE-Programmen. Bestandteil des technischen Detailentwurfs war außerdem die Dokumentation schwieriger Testfälle, die beim Design-Prozeß erkannt
wurden. Als Dokumentationsmethode im technischen Detailentwurf
wurde **HIPO** eingesetzt. HIPO ist eine hierarchische Dokumentationsmethode und basiert in der Einzeldarstellung auf dem
Beschreibungsprinzip von INPUT ---> PROCESS ---> OUTPUT.

PROGRAMM-/MODULE-DESIGN: Das Ziel des technischen Design-Pro-
zesses war pro ausführbarem Programm eine möglichst flache
hierarchische Modul-Struktur, bestehend aus extrem funktions-
orientierten selbständigen Modulen. Die angestrebte Modul-Größe
lag zwischen 50 und 120 PL/1-Statements. Ein ausdrückliches
Design-Ziel war die **Mehrfachverwendung dieser funktions-
orientierten Module** im Projekt.

PROGRAMMIER-STANDARDS: Für die Kodierung der ONLINE- und BATCH-
Programme wurden projektintern verbindliche Vereinbarungen
getroffen, wobei die wichtigsten hier wiedergegeben sind:

- Kodierung von Programmen ausschließlich in der Programmiersprache PL/1.
- Alle Module werden als externe PROZEDUREN realisiert
  (keine intern geschachtelten Prozeduren mit Zugriff auf
  globale Variablen, Kommunikation zwischen Prozeduren nur
  über Parameter). Kodierung aller Prozeduren nach dem
  Prinzip der **REUSABILITY,** d. h. bei Prozedurende war der
  Anfangszustand (Initialwerte) wieder hergestellt.
- GOTO-freie Kodierung und Minimierung der Schachtelungs-
  tiefe (max. 6 Ebenen) von IF - DO - ELSE - Konstruktionen.
- Einsatz von projektspezifischen Standard-Modulen für die
  Fehlerbehandlung.
- Explizite Vereinbarung von allen Variablen, Dateien, Proze-
  duren, Konstanten. Keine Verwendung von Compiler-Defaults.
- Struktur-Deklarationen, die in mehr als einem Modul ver-
  wendet werden, sind in einer externen Bibliothek abge-
  speichert und werden von dort aufgerufen.

Vereinbart war außerdem eine PL/1-spezifische Strukturierung
der Module (Procedure/Parameter, Modul-Beschreibung, Deklarationen, ON-UNITS, ausführbare Statements).

DOKUMENTATIONS-STANDARDS IM SOURCE CODE:
  - Die Programm-/Modul-Funktionsbeschreibung am Prozeduranfang
    ist sowohl in deutscher wie in englischer Sprache auszufüh-
    ren. Gleiches galt am Anfang größerer Funktionsblöcke.
  - Jede Variable wird in englischer Sprache beschrieben.
  - Alle Programme erhalten einen COPYRIGHT-Vermerk.

QUALITÄTSSICHERUNG BEIM DESIGN: Design-Ergebnisse wurden auf
allen Detaillierungsebenen (Grobentwurf, Detailentwurf, technischer Detailentwurf) im Rahmen von informellen Diskussionen
sehr intensiv innerhalb des IS-Projekt-Teams besprochen. Von der
Projektleitung wurde im Interesse der Design-Integrität des
Gesamt-Systems sehr viel Aufwand investiert, diesen Dialog
zwischen den Beteiligten nie abreißen zu lassen. Außerdem wurde
jeder abgeschlossene Design (auf jeder Detaillierungsebene) mit
den Benutzervertretern durchgesprochen und abgestimmt, um
eventuell noch vorhandene Fehler/Mißverständnisse vor Beginn der
Realisierung zu beseitigen.

QUALITÄTSSICHERUNG PROGRAMME/SYSTEME: Für alle ONLINE- und BATCH-
Programme wurde ein mehrschichtiges Testkonzept praktiziert:
  - Einzelfunktionstest auf Programmebene mit Testdaten
    (Normalfälle, Ausnahmefälle, Extrembedingungen) durch den
    Entwickler der Funktion.
  - Verbund-/Systemtest von einem ganzen Subsystem mit IS-
    generierten Testdaten durch einen Mitarbeiter des IS-
    Projekt-Teams.
  - Verbund-/Systemtest von einem ganzen Subsystem mit Test-
    daten, die von den Benutzervertretern entwickelt wurden.
    Dieser Test lief unter Kontrolle der Benutzer.
  - Abschlußtest unter Originalbedingungen mit Originaldaten der
    Anwender und unter Beteiligung des Rechenzentrums, wobei das
    Rechenzentrum diese Testläufe (auch als Test der Betriebs-
    dokumentation) in eigener Regie durchführte. Das IS-Projekt-
    Team griff in diesen Abschlußtest nur noch im wirklichen
    Ausnahmefall ein.

AKTUALISIERUNG DER PHASENDOKUMENTATION: Hier handelt es sich
mehr um ein Prinzip als um eine Methode. Der funktionelle
Detailentwurf und der technische Detailentwurf (beides mehr-
hundertseitige Dokumente) wurden während der Projektentwicklung permanent aktualisiert. Die Aktualisierungen im funktio-
nellen Detailentwurf sind den Benutzervertretern laufend zur
Verfügung gestellt worden. Für die Projektdokumentation war ein
Versionskonzept formal nicht implementiert.

ERMITTLUNG IS-AUFWAND: Zum Zeitpunkt des Grobentwurfs wurde der
voraussichtliche Realisierungsaufwand für alle ladbaren Programme einschließlich dem zugehörigen Test-, Dokumentations-
und Installationsaufwand von jedem der drei IS-Mitarbeiter des
IS-Kern-Teams geschätzt. Es wurden zwei Schätzgrößen pro Programm ermittelt: Gesamtaufwand in Tagen für die genannten IS-
Aktivitäten und Anzahl PL/1 Statements pro ladbarem Programm.
In mehreren Besprechungen hatte dann jeder der beteiligten
Systemanalytiker begründet, wie er zu seinen Schätzgrößen gekommen war. Diese Interaktion war das wichtigste Moment der
Aufwandsschätzung, weil pro Programmfunktion jeweils drei
Volumenvorstellungen präsentiert wurden, die das gesamte Wissen
der Projektgruppe zu diesem Zeitpunkt reflektierten. Es war
danach verhältnismäßig leicht, in dieser schwierigen Frage zu
einem - wie sich später erwies sehr realistischen - Konsens zu
kommen. Kurz vor Fertigstellung des Projekts wurde das Gesamtprojekt zusätzlich noch nach einer selbstentwickelten **FUNCTION
POINT-Methode** geschätzt, um mit dieser Methode Erfahrungen zu
sammeln. Die Ergebnisse dieser Schätzung sind in diesem Bericht
enthalten, obwohl sie bei Fertigstellung des Grobentwurfs und zur
Projektplanung noch nicht vorlagen.

PROJEKTPLANUNG: Zum Zeitpunkt des Grobentwurfs wurde für die
gesamten IS-Aktivitäten über einen Zeitraum von ca. 2,5 Jahren
eine relativ genaue Aktivitätenplanung erstellt, die selbstver-
ständlich während der Projektentwicklung fortgeschrieben wurde.
Diese Planung war von unschätzbarem Wert bei
  - der qualifikationsgerechten Zuordnung von IS-Personal.
  - den Verhandlungen über die Pläne in den Benutzerbereichen.
  - der Reaktion auf unvorhergesehene Ereignisse.
  - Verhandlungen mit dem Management.

Diese Planung förderte außerdem das Verständnis von sehr komplexen Zusammenhängen und hat damit indirekt auch die Erstellung der Installationspläne erleichtert.

CONFIGURATION-MANAGEMENT

Nachstehend sind die wesentlichen Vorkehrungen und Vereinbarungen beschrieben, die zur Verwaltung des Software-Produktes - soweit es sich um CODE handelte - getroffen wurden.

NAMENSKONVENTIONEN: Um doppelte Namen für Softwarekomponenten im Rechenzentrum zu vermeiden, wurden für den Unternehmensbereich entsprechende Konventionen vereinbart, die von allen IS-Projekten zu beachten waren. Diese Namens-Standards betrafen Modul-, Programm-, Datenbestands-, Datenbank-, Job-, Netz-Namen und ONLINE-Transaktions-Namen sowie die Namen einer Vielzahl von anderen Komponenten bzw. Kontrollblöcken, für welche Eindeutigkeit gewährleistet sein mußte.

TRENNUNG TEST-/PRODUKTIONSSYSTEME: Das zuständige Rechenzentrum praktizierte eine strikte Trennung zwischen Produktions- und Testversionen der jeweiligen Software. Produktionsversionen wurden vom Rechenzentrum übernommen, befanden sich dann außerhalb der Kontrolle des jeweiligen IS-Projekt-Teams und konnten von diesem auch nicht mehr verändert werden. In Entwicklung befindliche Software und Testversionen waren dagegen ausschließlich unter der Kontrolle und in der Verantwortung des IS-Entwicklungsteams.

SOFTWARE-LIBRARY-KONZEPT: Aufgrund der angesprochenen Trennung von Test- und Produktionsumgebung war es Aufgabe des jeweiligen Entwicklungsteams, die Entwicklungs- und Test-Libraries des Projektes selbst zu verwalten. Diese Library-Verwaltung wurde (mit wenigen Ausnahmen) nach folgenden Prinzipien realisiert:
  - Jede Art von CODE wurde nur an **einer einzigen** Stelle (das heißt in **einer** Bibliothek) gespeichert.
  - Die Reorganisation und Sicherung der Bibliotheken erfolgte in einem angemessenen Zyklus immer gleichzeitig.

In diesem Zusammenhang galt außerdem das Prinzip, Testläufe nur

mit Programmversionen von den offiziellen Projekt-Libraries zu
starten, d. h. aus Integritätsgründen wurden Module von den
Projekt-Libraries nicht mit Modulen aus individuellen (privaten)
Libraries gemischt.

Eingesetzte HARDWARE/SOFTWARE/TOOLS

Nachdem das Materialsteuerungssystem für alle Produktionsstätten des Unternehmens in einem zentralen Rechenzentrum installiert war, wurde auch das neue Qualitätssicherungssystem aufgrund der bestehenden Verbindungen für zentralen Betrieb ausgelegt und auf folgender Konfiguration betrieben: Großrechner
vom Typ IBM 30xx mit entsprechenden Peripheriegeräten und
Bildschirmen vom Typ IBM 3270. Die Anwendungsprogramme sind zum
Betrieb unter IBM System-Software (Betriebssystem MVS, Daten-
bank-/Datenkommunikationssystem IMS) entwickelt worden. Als
Programmiersprache wurde PL/1 verwendet. Die interaktive
Programmentwicklung erfolgte unter TSO/SPF. Die Beschreibungen
der Qualitätsdatenbank wurden in einem DB-Dictionary abgelegt.
Für den Test der ONLINE-Programme stand ein BATCH TERMINAL
SIMULATOR zur Verfügung. Zur Generierung von Testdaten sind
Hilfsprogramme erstellt worden.

Projekt- und Produktkennzahlen

IS-Aufwandsverteilung nach Projektphasen und Funktionen

		Plan-Werte		IST-Werte	
Bedarfsanalyse	(BE)	5 AM	3%	7 AM	4%
Grobentwurf	(GE)	20 AM	12%	16 AM	10%
Detailentwurf	(DE)	26 AM	15%	29 AM	18%
Techn. Detailent.	(TDE)	34 AM	20%	31 AM	19%
Programmierung	(PR)	34 AM	20%	23 AM	14%
Programmtest	(PRT)	17 AM	10%	23 AM	14%
Sys.Test/Install.	(STI)	34 AM	20%	34 AM	21%
Total		170 AM	100%	163 AM	100%

Verhältnis von   IS-Aufwand : PL/1-Statements : Function Points

Sub-Projekte (Proj.-Stufen)	Arbeitsmonate			PL/1-Statements			Function-Points/Ist	
	Plan	Ist		Plan	Ist			
Prüfplanbearb.	56	52	= 32%	11400	15400	= 38%	1680	= 35%
Prüflosbearb.	100	99	= 61%	19400	22900	= 56%	2870	= 60%
Meßdaten	14	12	= 7%	2800	2700	= 6%	250	= 5%
Total	170	163		33600	41000		4800	

Zwischen den Größen IS-Aufwand und PL/1-Statements sowie IS-Aufwand und Function-Points besteht eine sehr enge Korrelation. Beide Kennziffern sind offenbar als Hilfsmittel zur Aufwandsschätzung bei Entwicklungsprojekten dieser Art gut geeignet.

CODE-Volumen gemessen in LINES OF CODE
Die Lines of Code beinhalten bei dieser Betrachtung die ausführbaren PL/1-Statements, die Deklarationen, die Kommentare, zugehörige Job CONTROL STATEMENTS sowie zugehörige IMS Kontrollblöcke. Stichproben haben ergeben, daß bei Anwendung dieser Definition die ausführbaren PL/1-Statements etwa einen Anteil von 33% erreichen. Somit ergibt sich auf der Basis der bereits genannten 41 000 ausführbaren PL/1-Statements ein Volumen von ca. 123 000 Lines of Code.

Dokumentations-Volumen gemessen in DIN A4 Seiten

- Bedarfsanalyse	70	Seiten
- Grobentwurf	98	"
Anlagen zum Grobentwurf	175	"
- Detailentwurf	788	"
- Technischer Detailentwurf	1180	"
- Betriebsdokumentation für RZ ca.	400	"
- Installationspläne	270	"
- Endbenutzerhandbuch	235	"
Total (ohne Projektkorrespondenz)	3216	"

Diese Kennzahlen reflektieren sehr deutlich, daß Softwareentwicklung vor allem auch Dokumentationsentwicklung ist.

Software-Volumen gemessen in Modulen
Das gesamte Informationssystem besteht aus 540 (einzeln nicht
ausführbaren) Modulen. Davon werden 45 Module im Anwendungs-
system mehrfach verwendet, und zwar

1 Modul	53 mal	1 Modul	15 mal	2 Modul(e)	5 mal
1 "	28 "	1 "	14 "	1 "	4 "
1 "	16 "	1 "	6 "	9 "	3 "
				27 "	2 "

Diese **Mehrfachverwendung ergibt einen Produktivitätsgewinn von
ca. 20 %** auf den Realisierungs- und Testaufwand bezogen. Außerdem - und vielleicht noch wichtiger - leistet sie einen wesentlichen Beitrag zur Systemintegrität und -qualität, weil gleiche
Funktionen nur in einer Software-Version vorliegen.

SOFTWARE-Volumen gemessen in Programmen

Das Gesamtsystem besteht aus 53 ausführbaren Programmen ohne
die Utilities für Sortierung, Datensicherung und Datenreorga-
nisation. Von den 53 Programmen sind 20 BATCH-Funktionen und
33 ONLINE-Transaktionen.

Im Durchschnitt werden pro ausführbarem Programm 13 Module
aufgerufen. Nachdem ein Modul im Schnitt aus 80 PL/1-State-
ments besteht, beträgt die durchschnittliche Programmgröße
1040 PL/1-Statements oder ca. 3000 Lines of Code. Die volumen-
mäßig größte Funktion ist die ONLINE-Transaktion zur automatischen Erstellung der Prüfvorschrift. Dieses Programm besteht
aus 72 Modulen und somit aus ca. 5800 PL/1-Statements oder ca.
17 000 Lines of Code. Programme von dieser Komplexität können
nur nach strikten Modularisierungskonzepten realisiert werden,
wenn diese Programme gleichzeitig robust im Betrieb und auch
mit vertretbarem Aufwand noch wartbar sein sollen.

Spezielle Probleme/Erleichterungen bei der Projektabwicklung
Die Tatsache, daß das System die Anforderungen von vier Werken
erfüllen mußte, hat die Projektdefinitionsphase erschwert und
verlängert. Das Projektziel, die Anwendung durch eine gewisse
Parametrisierung auch für Benutzer außerhalb der eigenen

Unternehmung einsetzbar zu machen, hat diesen Aspekt verstärkt.
Andererseits - und das sind sehr wesentliche Punkte - war eine
im Vergleich zu sonstigen Gegebenheiten überdurchschnittliche
fachliche Qualifikation im IS- wie im Benutzer-Team vorhanden.
Außerdem gab es im IS-Team über drei Jahre (ein außergewöhn-
licher Sonderfall) keine Personalfluktuation.

Bewertung der Resultate

Eine positive Erfahrung war die Tatsache, daß die Maßnahmen zur
Software-Qualitätssicherung (laufende Design-Abstimmungen und
mehrstufiges Testkonzept) sehr erfolgreich waren. Mit Betriebs-
aufnahme war eine absolute System-Stabilität gegeben. Dazu trug
sicher bei, daß bereits in einer frühen Projektphase ein reali-
stischer Projektplan durchgesetzt werden konnte, der die Rahmenbedingungen für eine betont qualitäts-orientierte Entwicklungsarbeit geschaffen hatte. Die erreichte Produktivität war
zufriedenstellend, da das gesamte definierte und freigegebene
Funktionsangebot mit den geplanten Ressourcen innerhalb des
Zeitplanes und in guter Qualität realisiert werden konnte.
Der Wartungsaufwand nach der Installation war minimal (ein
Mitarbeiter für alle vier Werke). Es wurde nach einer gewissen
Anlaufzeit auch die Projektzielsetzung erreicht, die Software
außerhalb der eigenen Unternehmung noch in anderen Firmen
einzusetzen.

Wenn man berücksichtigt, daß die Software in den Jahren
1979-1982 entwickelt wurde, dann sind natürlich, mit den
Kenntnissen von 1990 betrachtet, einige der konzeptionellen
Lösungen wie auch einige der eingesetzten Arbeitsmittel nicht
mehr optimal.

Unbefriedigend war und bleibt die lange Projektentwicklungszeit.
Soweit durch die Aufgabenstellung begründet (z. B. Lösung für
vier Werke) wäre dieser Punkt auch heute nur begrenzt beein-
flußbar. Wenn aber 1979 bereits eine benutzergeeignete Abfrage-
Sprache wie SQL zur Verfügung gestanden wäre, hätte z. B. die
Realisierung von Datenauswertungen aus dem IS-Projekt ausge-
gliedert werden können. Dadurch wäre der Aufwand wohl nicht

wesentlich vermindert, aber die Abwicklung beschleunigt worden.
Ein Tool für Prototyping und Screen-Painting - wie heutzutage
verfügbar - hätte die Dokumentationsarbeit reduziert und die
Detail-Design-Phasen beschleunigt. Die Dokumentationsarbeit
und die Projektplanung hätten mit den heute verfügbaren Text-
systemen und Planungs-Tools ebenfalls effizienter abgewickelt
werden können. Eine Steigerung der Effizienz der Maßnahmen zur
Qualitätssicherung bei der Software-Erstellung wäre möglich
gewesen durch Einsatz eines sprachenspezifischen Software-
Analyzers (z.B. zur Sichtbarmachung von Testpfaden bzw. zur
Vermeidung unnötiger Programmkomplexität). Fundierte methodische
Kenntnisse im IS-Team über den Design von **ABSTRAKTEN DATENTYPEN,**
wären sicher ein gutes Rüstzeug für die System-Modularisierung
(auch im Hinblick auf die Mehrfachverwendung von Funktionen)
gewesen und hätten in diesem Bereich zu noch besseren Design-
Ergebnissen geführt.

Stammdatenverwaltungsprogramm

Wo sich die Datenverabeitung im Laufe der Zeit quasi organisch entwickelt hat, ist eines Tages die Vielfalt der mehr oder minder inkompatiblen Lösungen nicht mehr akzeptabel, eine einheitliche Datenschnittstelle muß realisiert werden, damit die Werkzeuge besser integriert werden können. Mit dem Projekt "Stammdatenverwaltung" für Kanzleien (und daher für den PC unter DOS) wurde u.a. das Ziel verfolgt, eine einmalige Erfassung und Verwaltung bestimmter Daten verschiedener Anwendungen zu ermöglichen. Es wird sowohl die Pflege der Daten am PC wie die Kommunikation zu den korrespondierenden Anwendungen im zentralen Rechenzentrum unterstützt.

Das Projekt wurde in einem Zeitraum von zwei Jahren durchgeführt. Die Anzahl der beteiligten Mitarbeiter lag zwischen 10 und 13 Personen. Einen erheblichen Aufwand erforderten die notwendigen Abstimmungen mit den zu integrierenden Anwendungen.

Eine positive Wirkung auf die Entwicklung ergab sich durch die räumliche Nähe der Projektmitarbeiter und die Arbeitsplatzausstattung.

Einer der Entwickler berichtet.

1. Zielsetzung und Einbettung des Projekts

1.1 Zielsetzung des Projekts

Die Stammdatenverwaltung (SDV) ist ein PC-Produkt (PC-Pro-
gramm, PC-Anwendung) zur Stammdatenpflege für bestehende Anwendungen am PC und für Rechenzentrumsdienstleistungen. Die
Stammdatenverwaltung läuft auf einem PC, der mit dem betreffenden Rechenzentrum verbunden sein kann. Stammdaten sind Daten, die von einer Anwendung nicht oder relativ selten geändert werden. Üblicherweise werden bei Personen Geburtsdatum
und Geschlecht wie auch Namen, Adressen, Familienstand und
vergleichbare Sachverhalte als Stammdaten erfaßt.

Die Hauptzielsetzung dieses Programms ist die Integration von
Anwendungen über die Vereinheitlichung von Daten. Bei
Betrachtung der Historie ergibt sich, daß die einzelnen Anwendungen eigene Datenbestände besitzen, mit denen sie arbeiten. Die Annahme, daß einige Informationen redundant gespeichert sind, liegt daher sehr nahe. Es stellt sich das Problem
der Datenredundanz und des damit verbundenen erhöhten Pflege-
aufwands. Es bestehen noch weitere Ziele, die mit dieser Anwendung erreicht werden sollen:

- Auskunftssystem
  Das Auskunftssystem gibt dem Anwender die Möglichkeit, seinen Datenbestand nach individuell definierten Kriterien abzufragen und das Ergebnis auszugeben,
  z.B.: Liste der Personen, die den Beruf Lehrer ausüben.

- Redundanzarme Erfassung für Stammdaten
  Eine einmalige Erfassung von Stammdaten für verschiedene Anwendungen.

- Verbindung zu anderen Produkten

Die Möglichkeit des Datentransfers zwischen verschiedenen Programmen.

- Komfortable Benutzeroberfläche
  Die Benutzeroberfläche soll so gestaltet sein, daß
  ein schneller Zugriff auf die gewünschte Information
  möglich und 'state of the art' ist (Menüführung
  über 'pull down menus').

- Netzfähigkeit im LAN
  Die Lauffähigkeit des Programms im LAN.

Der durch die SDV geschaffene Datenbestand beinhaltet auch
Informationen, die für organisatorische Zwecke (Unterstützung
des Benutzers) eingesetzt werden können.

1.2 Einbettung des Projekts

Der Hersteller dieses Produkts (Programms, Anwendung) ist ein
großes Softwarehaus, das mit seinen Anwendungen Unternehmen
eines speziellen Branchenbereichs anspricht. Die Unternehmen
besitzen einen Kundenkreis, für den sie bestimmte Dienstleistungen erfüllen.

Die Programme unterstützen die Mitarbeiter in dem Branchen-
bereich in Ihrem täglichen Aufgabengebiet. Bei den Anwendungen
kann unterschieden werden zwischen:

- Leistungen für die Kunden der Unternehmen

- Unterstützung der Mitarbeiter

Die Stammdatenverwaltung ist dem letzten Punkt zuzuordnen.

Die Firmenstrukturen der Anwender sind unterschiedlich. Ihre
Mitarbeiter haben eine Ausbildung in der Branche oder ein
wissenschaftliches Studium.

Die Programmpalette des Softwarehauses kann in folgende The-
menbereiche eingeteilt werden:

- Rechnungswesen und Jahresabschluß
- Wirtschaftsberatung
- Branchen
- Steuerberechnung und -beratung
- Koordination der Aufgabenverteilung im Unternehmen

Die SDV ist dem letzten Punkt der Auflistung "Koordination der
Aufgabenverteilung im Unternehmen" zugeordnet.

Dieses Produkt ist insbesondere für die Unternehmen gedacht,
die

- ihren Datenbestand direkt bearbeiten möchten
  (Auskunftssystem, Verwaltungszwecke)

- mehrere Rechenzentrums- und PC-Programme nutzen
  (Verbindung zu anderen Programmen, redundanzarme
  Stammdatenerfassung)

Bei der Entwicklung war zu berücksichtigen, daß bereits bestehende Datenbestände für eine Ersteinrichtung verwendet
werden sollten (Erstbestückung). Eine Erstbestückung ist für
die Fälle sinnvoll, in denen der Stammdatenanteil hoch ist.

Langfristig soll der Anwender für die Stammdaten nur noch einen Datenbestand besitzen, auf den alle Anwendungen zurück-
greifen können.

Es sind folgende Wege für den Datenaustausch vorgesehen:

- Erstbestückung
- Datentransfer von der SDV in Rechenzentrums-
  programme (RZ-Programme)
- Datentransfer von der SDV in PC-Programme
- Datentransfer von der SDV an Fremdprogramme

Schnittstellen für das SDV-Programm sind die RZ- und PC-
Programme. (s. Abb.)

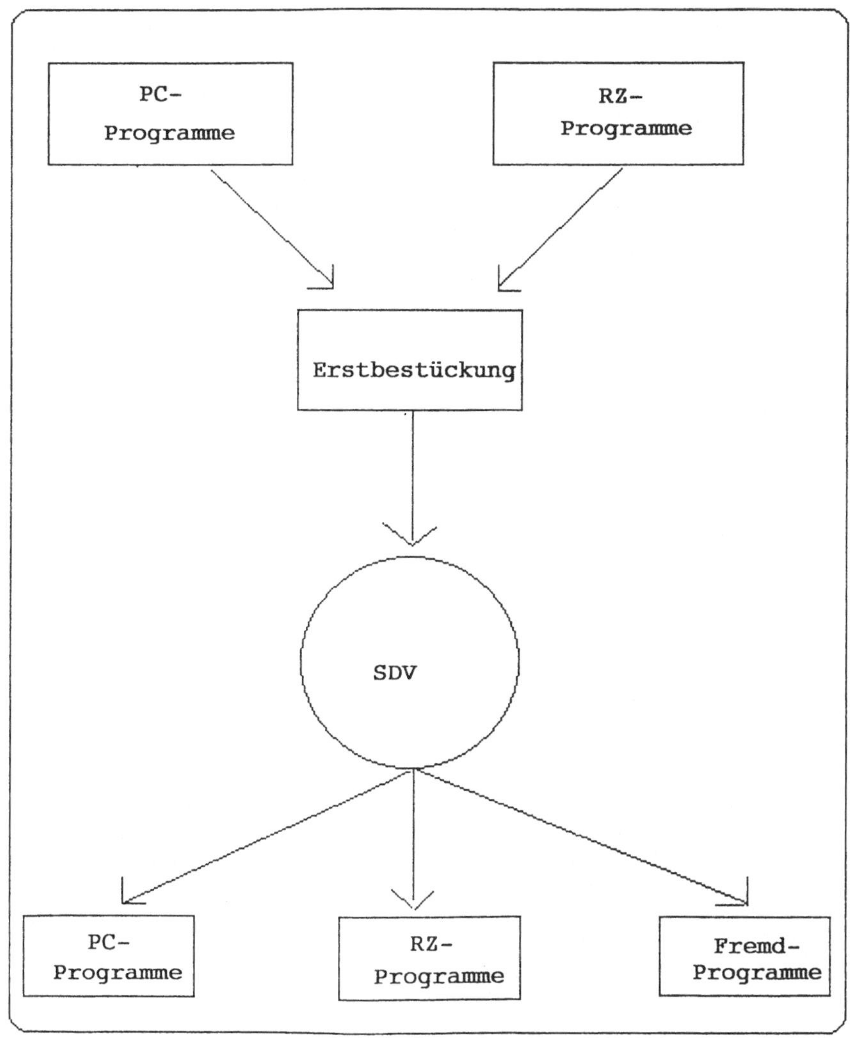

Zu beachten sind außerdem die unterschiedlichen Ausprägungen
von einzelnen Daten in den Anwendungen. Diese sind in formel-
ler und inhaltlicher Sicht zu vereinheitlichen. Problemkreise
sind:

- unterschiedliche Feldlänge
- unterschiedliche Feldtypen
- unterschiedliche Verschlüsselung
- ein Feld in einer Anwendung entspricht
  zwei SDV-Feldern.

Die Möglichkeit, bestehende Datenbestände aus Anwendungen in
die SDV zu übernehmen, muß gegeben sein (Erstbestückung).

Die Berücksichtigung der Bedingungen von vielen Programmen bei
der Entwicklung der SDV verursachte einen erheblichen Abstimmungsaufwand. Es war eine Gesamtkoordination über die betroffenen Anwendungen erforderlich.
Problemkreise sind hier:

- Einsatz unterschiedlicher Programmiersprachen
- Koordination von RZ- und PC-Programmen
- unterschiedliche Schnittstellen

2.   Organisationsstruktur

Das Projekt ist innerhalb der Linie (in der Aufbauorganisation) angesiedelt.

Das Softwarehaus besteht aus mehreren Direktionsbereichen,
die in Abteilungen gegliedert sind. Jede Abteilung wiederum
besteht aus mehreren Gruppen.

Die folgende Abbildung zeigt einen Ausschnitt aus dem
Organigramm des Software-Hauses:

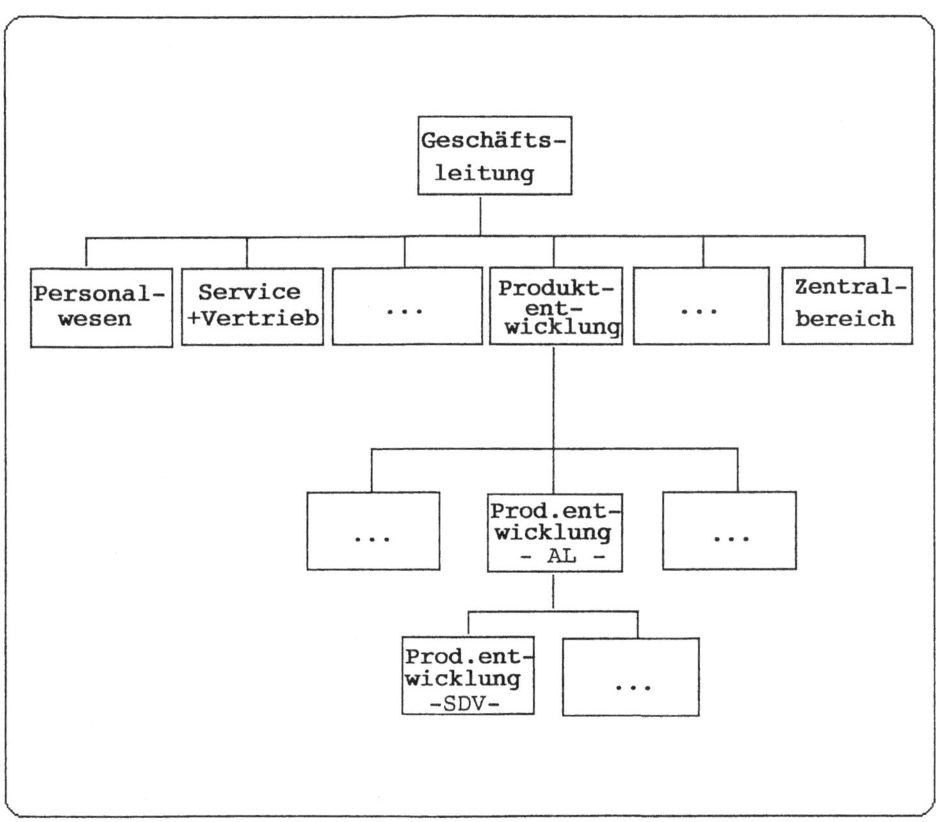

Zwei Gruppen, die in einer Abteilung angesiedelt sind, sind an
diesem Programm beteiligt. Die Aufteilung des Aufgabenbe-
reichs sieht folgendermaßen aus:

- Eine Gruppe ist für den fachlichen/betriebs-
  wirtschaftlichen Teil zuständig und erstellt
  den Fachentwurf.

- Die andere Gruppe ist für den technischen Teil
  (Realisierung) verantwortlich, d.h. Umsetzung des

Fachkonzeptes unter Berücksichtigung der technischen
Gegebenheiten und Programmierung.

Die Projektleitung wurde in Abhängigkeit von dem jeweiligen
Aufgabenschwerpunkt von einem der beiden Gruppenleitern übernommen.

Die Anzahl der beteiligten Personen unterlag, während der Entwicklungszeit geringfügigen Schwankungen. Auf der Entwurfssei-
te waren 3-5, auf der Realisierungsseite 7-8 Mitarbeiter eingesetzt.

Die Mitarbeiter der Anwendungsseite haben eine kaufmännische
Ausbildung oder eine Ausbildung zum DV-Kaufmann und/oder ein
betriebswirtschaftliches Studium. Auf der realisierenden Seite
arbeiten Systemanalytiker, Informatiker und Mathematiker.

Die beiden Gruppen arbeiten sehr eng und intensiv zusammen.
Der erforderliche Informationsfluß zwischen den beteiligten
Mitarbeitern läuft reibungslos, da alle praktisch jederzeit
anwesend und erreichbar sind, auch die Entscheidungsträger.
Dieses bedeutet, daß während der Entwicklung des Programms
keine regelmäßigen Termine/Sitzungen veranstaltet werden
mußten.

Weiterhin bestand ein Anwenderausschuß, dem erste Resultate
vorgeführt wurden und von dessen Teilnehmer Anregungen aufgenommen werden konnten.

3.   Zeitlicher Ablauf und Aufwand

Die ersten Überlegungen zu diesem Programm entstanden im Jahre
1985. Aus verschiedenen Gründen wurde das Thema zunächst nicht
intensiv verfolgt. Eine Ursache war sicherlich, daß zu dieser
Zeit die heute üblichen Hardware-Voraussetzungen noch nicht
gegeben waren (Festplattengröße, Speicherkakazität, Verarbei-
tungsgeschwindigkeit etc.). Mit der gezielten Arbeit an diesem
Programm wurde im Herbst 1987 begonnen. Es wurde ein konkreter
Zeitplan erstellt, zu welchen Terminen welche Ergebnisse erreicht werden sollten. Dieser sah folgendermaßen aus:

- erste Präsentation auf der Herbstmesse 1988

- Jahreswende 88/89 erste Kleinauflage für einen
  ausgewählten Anwenderkreis

- Cebit ´89 Produktpräsentation und Beginn der
  Pilotphase

- 2. Quartal 1989 Produktfreigabe

Die terminliche Planung konnte bis auf eine kleine Ver-
schiebung in der Produktfreigabe (August 1989) eingehalten
werden.

Bei den Aufwendungen können zwei Schwerpunkte unterschieden
werden:
- Personalkosten

- Kosten für die Arbeitsplatzausstattung

Im folgenden wird dargestellt, welche Personalkapazitäten zur
Erreichung der Teilergebnisse der Produkterstellung eingesetzt
wurden. Die angegebenen Zahlen in der Tabelle sind Prozentan-

gaben im Verhältnis zum Gesamtaufwand. Der Gesamtaufwand für
die Fachabteilung betrug 64 Mannmonate und für die realisierende Gruppe 120 Mannmonate (MM).

Teil- Gruppe ergebnisse	Fachgruppe	Realisierungsgruppe
Problemlösungs- phase	5	5
Allgemeines Konzept	5	5
Detail- entwurf	40	5
Technische Realisierung	--	50
Dokumentation	5	15
Test	35	20
Benutzer- handbuch	10	--

4. Methoden und Werkzeuge

4.1 Methoden

Spezielle Schätzmethoden wurden bei diesem Projekt nicht eingesetzt. (Es sei nur am Rande erwähnt, daß die Function-Point-Methode zwischenzeitlich in der Unternehmung angewendet wird.) Für dieses Programm ist eine Nachkalkulation mit Function-Point erfolgt. Da die Function-Point-Methode aus dem Großrechner-Entwicklungsumfeld stammt, können Kriterien und Ergebnisse nicht eins zu eins auf PC-Programme übertragen werden. Ein Aspekt für die geringe zeitliche Abweichung des Ergebnisses von den Plan-Zahlen ist der relativ hohe Abstimmungsaufwand, der bei anderen Produktentwicklungen sicherlich nicht erforderlich ist.

In der Voruntersuchung wurde eine Entscheidungsanalyse durchgeführt. Die Themenstellung SDV wurde mit einem Standardprogramm "Datenbank" verglichen und in bestimmte Sachgebiete gegliedert. Danach wurden besondere Probleme, die bei der Erstellung der SDV auftreten, den Sachgebieten zugeordnet und beschrieben. Anschließend wurden Lösungsalternativen zu den Problemen aufgezeigt und diese dann anhand von Vorteilen und Nachteilen bewertet.
Die besten Lösungsalternativen aus der Analyse dienten nun dazu, ein entsprechendes Fachkonzept zu erstellen.

Zunächst wurde ein allgemeines Konzept erstellt mit der Zielsetzung:

- den Rahmen des Programms abzustecken,
- die Anforderungen, nach Sachgebieten geordnet,
  klar zu definieren.

Diese Unterlage diente dann als Grundlage für das technische
Realisierungskonzept. Weiterhin wurde der unterschiedliche
Entwicklungsstand in Teilbereichen zum Ausdruck gebracht
(Festlegung von Ausbaustufen). In manchen Bereichen ist das
Konzept detaillierter beschrieben als in anderen. Grundsätz-
lich wurde jeder Bereich noch durch Detailentwürfe ergänzt.
Das allgemeine Konzept wurde mit den Realisierern besprochen
und die weitere Vorgehensweise (Reihenfolge der zu liefernden
Detailentwürfe) festgelegt.

Der Inhalt des allgemeinen Konzeptes wird im folgenden stich-
punktartig aufgeführt:

- Festlegung der Datenbasis:
  Welche Daten sollen in der SDV aufgenommen werden? Einführung einer bestimmten Terminologie. Auflistung der bestehenden bzw. möglichen Probleme.

- Benutzeroberfläche:
  Welche Entscheidungen sind in diesem Bereich zu treffen?
        * Festlegung der Menüpunkte (Haupt-/Untermenü)
        * Vergabe von Funktionstasten
        * Windowgestaltung
        * Aufruf von Windows
        * Hilfsstufenwahl
        * Maskengestaltung (fix/dynamisch)
        * Dateneingabe (Plausibilitätsprüfungen/Defaultwerte)

- Festlegung des Funktionsumfanges

- Zuordnung des Funktionsaufrufes:
  Welche Funktion soll z.B. als Haupt- oder Untermenüpunkt
  erscheinen?

- Erstellung der ersten Masken: (s.Abb.)
  Wie sieht z.B. die Status-/Bedienerführungszeile aus?

- Anmerkungen:

  Programmeinschränkungen, Technische Hinweise (Bsp.:Programm-
  geschwindigkeit)

Die folgende Abbildung zeigt das Hauptmenü mit den entsprechenden 'pull-down-menus'. In den Bedienerführungszeilen
(letzte Zeilen des Bildschirmes) werden die Funktionstasten
angezeigt, die in dieser Maske verwendbar sind.

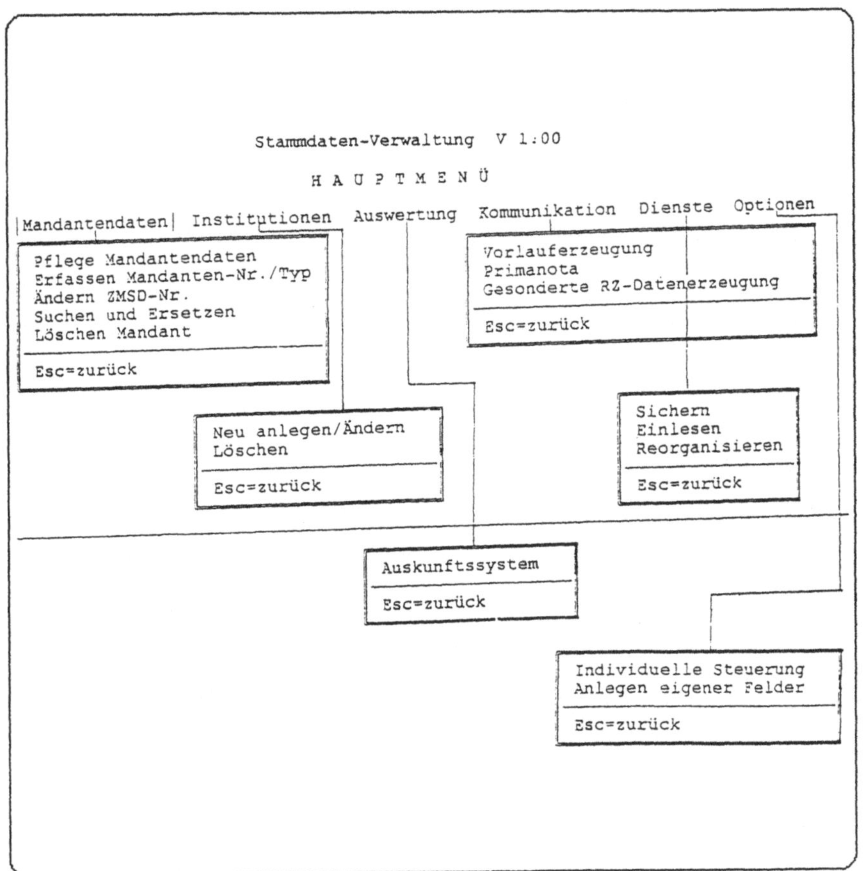

Methoden, die bei der Erstellung des allgemeinen Konzeptes
eingesetzt wurden, sind:

- Erweiterte Entity-Relationship-Methode
- Funktionszerlegung
- Funktionsmatrix
- Rapid-Prototyping

Mit Hilfe der erweiterten Entity-Relationship-Methode (Objekt-
typenmethode) wurde ein Datenmodell erstellt, in dem die
Objekttypen und Ihre Beziehung untereinander abgebildet sind.
(s. Abb.).

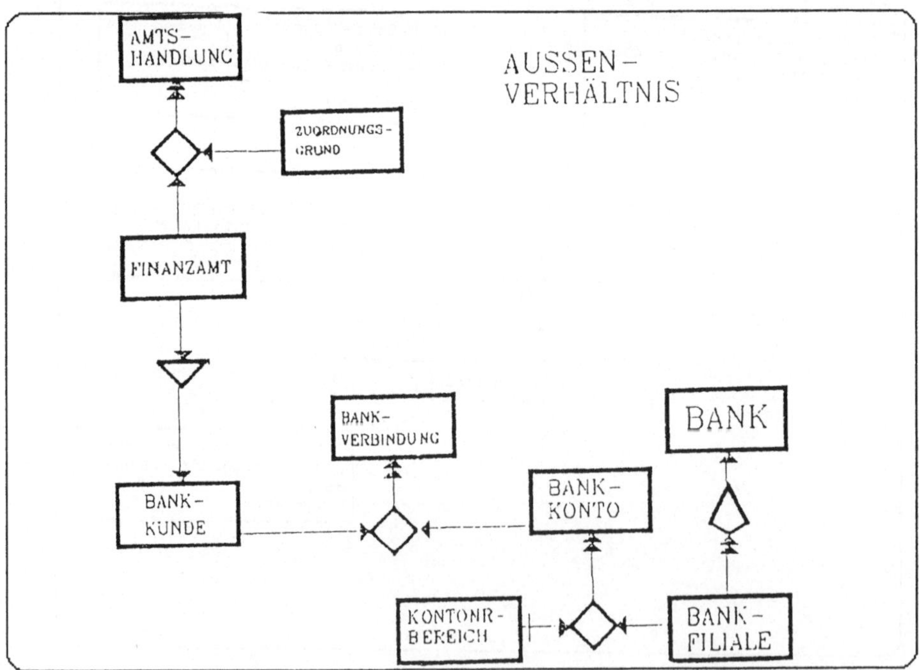

Bei der Funktionszerlegung wird eine Gliederung nach den betriebswirtschaftlichen Funktionen aufgestellt. Die Zerlegung
wird in Form eines Funktionsbaums dargestellt (s. Abb.).

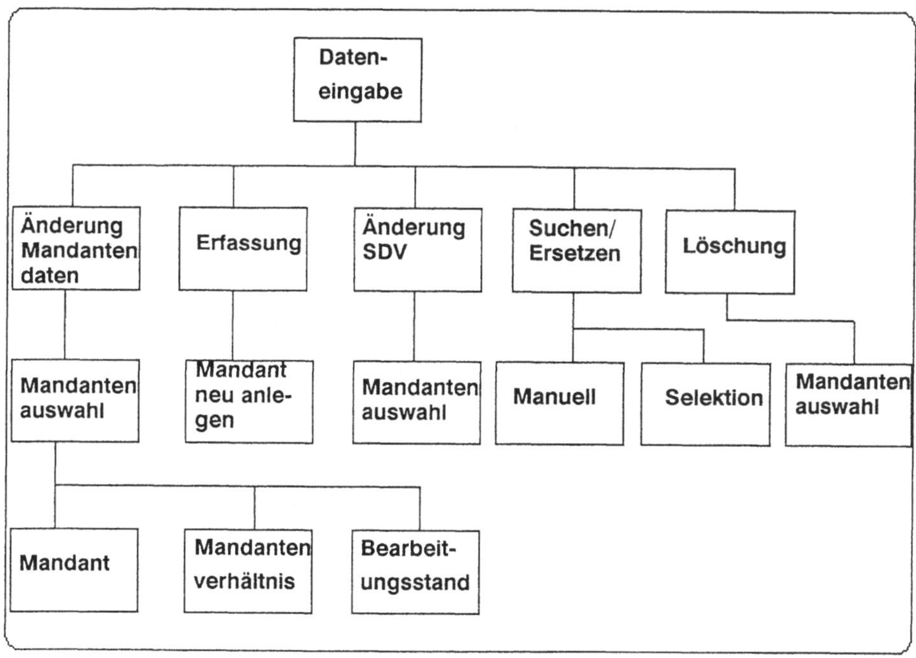

In der Funktionsmatrix wird angezeigt, welche Funktion wo aufgerufen wird und wie sie aufgerufen werden kann, d.h. Menü,
Funktionstaste oder beides. (s. Abb.)

```
Funktionsmatrix  (Versuch der Zuordnung des Funktionsaufrufs)
(HM=Hauptmenü, UM=Untermenü, WI=Windowabfrage)


Funktionen              pro   pro    innerh.  unbed.     HM  UM  WI
                        Feld  Maske  Mandant  Funktast

a) Erfassung

- Mandantenübersicht  x                 -         x
- Sortierung Mand."                                         x
- Mandantensprung       x     x         -                       x
  .
  .
  .
```

Mit Hilfe der Methode Rapid-Prototyping wurden die ersten
Masken für die Benutzeroberfläche erstellt. Die Methode
Prototyping dient zur Visualisierung der Gedanken und beugt
der Gefahr sprachlicher Mißverständnisse vor. Die Ergebnisse
dienen als Diskussionsbasis, um Stellungnahmen, Verbesserungsvorschläge, Änderungswünsche zu erhalten. Bei der SDV-Ent-
wicklung dienten die Ergebnisse als Diskussionsgrundlage in
den Gruppen (Fach-/Realisierungsgruppe) und im Anwenderausschuß.

Zusätzliche Erläuterungen und Bedingungen, die zu berücksichtigen sind, sind in den Detailentwürfen enthalten. Diese
Erweiterungen beziehen sich auf die Masken und die darin enthaltenen Funktionen.

4.2　　Werkzeuge

Folgende Werkzeuge und ergänzende Hilfsmittel sind bei der

Entwicklung der SDV eingesetzt worden:

- Data Dictionary
- Texteditor
- Demo 2   (Werkzeug zur Erstellung von Prototypen)
- Clipper (als Werkzeug zur Erstellung von Protoypen
          verwendet)
- C-Compiler
- Btrieve (Dateiverwaltungssystem)
- SW-Prüfstelle
- Compiler Server (Werkzeug, das aus gelieferten
          Sourcen, Bauanleitung und Bauplan
          das Endprodukt erstellt)

Eine sehr große Bedeutung bei der Entwicklung kommt dem Einsatz einer Feldbeschreibungstabelle (FBT) zu. Von der Funktion her ist die FBT vergleichbar mit einem Data Dictionary. Sie ist realisiert auf einer dbase-Datenbank. In diesem Dictionary sind alle Felder mit ihren Beschreibungen (Attributen, Länge, Eigenschaften) hinterlegt. Darüber hinaus sind auch Teile der Programmsteuerung enthalten. Die Speicherung der Informationen in Tabellen erleichtert die Änderung und Wartung sehr.

Die FBT ist folgendermaßen aufgebaut:

- Zentrale Ordnungsnummer
  Primärreferenz

- Feldtext
  Text, wie er in der Maske erscheint

- Eindeutiger Feldname
  Zur Unterscheidung gleichlautender Felder
  Bsp:: Bank/<u>Name</u>   Finanzamt/<u>Name</u>

- Minimale Eingabelänge

- Maximale Eingabelänge

- Feldart
  Drei Eingabemöglichkeiten: F,R oder I
  (FREI,REDUNDANT,INDIVIDUELL)

- Feldtyp
  Kennzeichnung, ob es ein numerisches, alphanumeri-
  sches, Datums- oder sonstiges Feld ist.

- Wertebereichsprüfung
  Schlüssel auf einen in einer Tabelle abgelegten
  Gültigkeitsbereich. Bei Änderung oder Neuerfassung
  eines Feldes wird der dort definierte Wertebereich
  abgeprüft.

Beispiel: Wertebereichs-ID´s von zwei Feldern

ORDNUNGSNR	KURZNAME	WERTBER_ID
457832	Postleitzahl	005
238964	Länderschlüssel	007

Neben der Feldbeschreibungstabelle existieren noch drei
weitere Tabellen:

- Maskenbeschreibungstabelle (MBT)
  MBT steuert den Aufbau jeder einzelnen Maske.

- Pfadbeschreibungs-Tabelle (PBT)
  PBT steuert die Abfolge einzelner Masken.

- Wertebereichstabelle
  In der Wertebereichstabelle sind die bestehenden
  Gültigkeitsbereiche abgelegt.

Von allen Mitarbeitern ist ein bestimmter Texteditor eingesetzt worden, so daß ein einfacher Austausch und eine weitere
Bearbeitung der Dateien möglich war. Der Editor wurde für ganz
bestimmte Aufgaben und in einer festgelegten Form eingesetzt.

Zur Erstellung von Prototypen, und zwar Rapid-Prototypen
(Wegwerf-Prototypen), wurden die Werkzeuge Demo2 und Clipper
eingesetzt. "Wegwerf"-Prototyp bedeutet, daß die Ergebnisse
des Protoyps nicht direkt weiterverarbeitet werden können,
sondern nur als Diskussionsgrundlage dienen. Insbesondere bei
Masken mit kritischen Programmabläufen tragen sie zur Ent-
scheidungsfindung (Simulierung von Maskenfolgen) bei.

Zur Implementierung wurde die Sprache C verwendet und zum
Übersetzen der MS-C-Compiler. Außerdem wurde das Dateiverwaltungssystem Btrieve von Novell eingesetzt. Die Verwendung der
Werkzeuge, insbesondere der einzusetzenden Programmiersprachen, beruhten auf unternehmenspolitischen Entscheidungen.

In der SW-Prüfstelle wurde das Programm entsprechend dem bestehenden Prüfkonzept überprüft und abgenommen. Kriterien für
die Kurzprüfung in der Prüfstelle sind Benutzerfreundlichkeit
und Netzverträglichkeit. Bei dem Kriterium Benutzerfreundlichkeit wird das Produkt hinsichtlich

- Robustheit (ohne Erfassung und Belastungstest)
- Erwartungskonformität
- Steuerbarkeit
- Selbsterklärungsfähigkeit
- Deutlichkeit der Darstellung
- Standards

erprobt. Die Punkte Korrektheit, Installierung auf allen
Konfigurationen und Wartbarkeit werden nicht geprüft. Eine
wahlweise Prüfung wird für die Prüfungspunkte Dokumentation,

Installation auf verschiedenen Plattenlaufwerken, Robustheit
der Erfassung und QS-Codeanalyse durchgeführt.

Die aufgedeckten Abweichungen von der Prüfrichtlinie werden in
drei Klassen (A,B,C) eingeteilt:

- Klasse A:
  Fehler, bei denen wesentliche Forderungen der Prüfrichtlinie
  verletzt werden.

- Klasse B:
  Fehler, bei denen Forderungen der Prüfrichtlinie verletzt
  werden.

- Klasse C:
  Fehler, bei denen unwesentliche Forderungen der Prüfrichtlinie nicht beachtet werden.

Die Hinweise werden dem Produktverantwortlichen übermittelt,
der die erforderlichen Maßnahmen veranlassen muß. Die endgültige Freigabe erfolgt auf Veranlassung des Produktverantwortlichen, unter Zustimmung des Vertriebsbeauftragten.

Der Compiler Server erstellt aus den gelieferten Sourcen und
der angegebenen Bauanleitung das endgültige Produkt.

5.   Beschreibung des Resultats

Während der gesamten Entwicklungszeit wurden Dokumente
erstellt, in denen die Vorgehensweise, die entstandenen
Probleme und die Ergebnisse des betroffenen Abschnittes
festgehalten sind.

Zu den folgenden Bereichen wurden Dokumente erstellt:

- Voruntersuchung (Problemlösungsphase)
- Fachentwurf (allgem. Konzept und Detailentwurf)
- Systementwurf (techn. Realisierungskonzept)
- Implementierung (Source-Code und entsprechende Dokumentation)
- Konfigurierung (Compiler-Link-Listings; Beschreibung des Ablaufes des Compiler-Servers)
- Testdokumentation(Tests, die auf der betriebswirtschaftlichen, technischen Seite und der Prüfstelle durchgeführt worden sind) (s. Abb.)
- Stammdatenhandbuch(Zusammenstellung der Daten aus den verschiedenen Anwendungen und ihre Ausprägungen)

Verständlichkeit und Einheitlichkeit der Fehlermeldungen

In Erfassungsfeldern werden unzulässige numerische Werte stets
mit der wenig sachbezogenen Meldung 'Feld formal falsch'
abgewiesen. Beispiele: Eingabe eines Werts > 20 im Feld
'Betriebsstätten'; Finanzamts-Nummer > 9298 (hier ist auch kein
entsprechender Hilfetext vorhanden)
Fehlerklasse: B

Programmteil Vorlauferzeugung: Wenn hier eine schreibgeschützte
Diskette eingelegt wird, kommt die (unzutreffende) Meldung
'Datenträger fehlerhaft'. Im Programmteil "Sichern" (unter
'Dienste') kommt dagegen die (bessere) Meldung "Fehler beim
Zugriff auf Datenträger'.
Fehlerklasse: B

Benutzerfreundlichkeit

Die (vom AS-Standard geforderte) Möglichkeit, aus einem
geöffneten Pull-Down-Menue heraus ein anderes Pull-Down-Menue
der Auswahlleiste durch Eingabe von ALT+Auswahlbuchstabe zu
öffnen, ist nicht realisiert.
Fehlerklasse: C

6.   Erleichterungen für die Projektdurchführung

Durch die Bildung eines Anwenderausschusses konnten schon
frühzeitig erste Anregungen, Verbesserungsvorschläge und
Ergänzungen aufgenommen werden. Insbesondere haben sich an
dieser Stelle die Werkzeuge zum Rapid-Prototyping bewährt.

Die Teamzusammensetzung war sehr gut. Die Mitarbeiter haben
sich alle als innovative und pragmatische Entwickler erwiesen,
so daß keine Kommunikationsprobleme aufgetreten sind. Dieses
ist sicherlich durch die räumliche Nähe der Gruppen (fach-
liche/technische Seite) unterstützt worden. Beim Auftauchen
von irgendwelchen Problemen oder Unklarheiten konnten diese
sofort geklärt werden, ohne vorherige Terminabsprache.

Auf der Realisierungsseite bestand der Vorteil, daß die Mitarbeiter neben sehr guten PC-Kenntnissen auch schon C-Erfah-
rungen besaßen. Als weitere, schon als ideal zu bezeichnende
Erleichterung ist die Arbeitsplatzausstattung der Mitarbeiter
(286- bzw. 386-Rechner) zu nennen.

Dieses sind sicherlich alles positive Einflüsse gewesen, die
die Durchführung des Projekts wesentlich erleichtert haben.

7.   Fehlererwartungen/Wartungen

Es ist damit zu rechnen, daß bei Netzwerkinstallationen einige
Probleme auftreten. Einerseits liegt dies daran, daß die
Hardware-Technologie sehr heterogen ist und andererseits Erfahrungen mit netzwerkfähiger Software im größeren Umfang gesammelt werden müssen.

Die Zuständigkeit für die Bearbeitung der Fehler ist von der
Fehlerart abhängig, z.B., ob Hardware- oder Software-Fehler.
Die Hardware-Fehler müssen von dem entsprechenden HW-Hersteller bearbeitet werden, die SW-Fehler von dem, der die Anwendung erstellt hat.

In unserem Softwarehaus besteht eine Service-/Vertriebs-Abteilung, die für Fragen von externen Anwendern zur Verfügung
steht. Wenn Fehlermeldungen eintreffen, werden sie an die
entsprechenden Fachabteilungen weitergeleitet.

8.   Diskussion der Resultate, Lehren für weitere Projekte

Durch die idealen Voraussetzungen (Teamzusammensetzung, Arbeitsplatzausstattung etc.) hat sich ein sehr guter Projektverlauf ergeben.

Als Lehre für weitere Projekte hat sich das Problem der Segmentierung der Entwicklung ergeben. Werden einzelne Programmteile später eingebaut, so bedeutet dieses einen erheblicheren
Mehraufwand. D.h. am Beginn der Entwicklung muß auf jeden Fall
versucht werden, alle erforderlichen Funktionen zu berücksichtigen, um dann die einzelnen Realisierungsstufen festzulegen.

Ein Automatisierungsprojekt in der Grundstoffindustrie

Die Modernisierung von Produktionsverfahren impliziert einen steigenden Bedarf an schnellen und sehr zuverlässigen Informationssystemen; Entscheidungen, die im traditionell organisierten Betrieb "nach Gefühl" getroffen werden konnten, müssen vom Rechner übernommen werden. Die starke Abhängigkeit von der Informationsverarbeitung treibt die Zuverlässigkeitsanforderungen in die Höhe.

Die folgenden Ausführungen beschäftigen sich mit einem Projekt zur Softwareerstellung für die Produktionsplanung und -steuerung in einem Stahlwerk. Im Rahmen der Modernisierung und Rationalisierung wurde der Betrieb durch Anlagenbauten und -modernisierungen von 1984 bis 1986 vollständig auf Stranggußbetrieb umgestellt. Damit entfielen die Ausweichmöglichkeiten im Blockgußverfahren. Die Arbeitsvorbereitung war ferner auf Grund der neuen Anlagenkonstellation nicht mehr in der Lage, die Planungsvorgaben auf Dauer manuell zu erarbeiten. Manueller Mehraufwand konnte dieses Problem nur kurzfristig lösen, mußte aber so schnell wie möglich durch automatisierte Verfahren ersetzt werden.

Somit war das betrachtete Projekt Teil einer umfangreichen Gesamtmaßnahme und mußte inhaltlich und terminlich mit einer Vielzahl anderer Projekte im Umfeld des Anlagenbaues abgestimmt und koordiniert werden. Diese Konstellation findet man bei vielen Projekten im industriellen Anwendungsbereich der Informationstechnik.

Durch funktionale Erweiterungen, die sich im Projektverlauf als notwendig erwiesen, hatten sich die ursprünglich geplanten Kosten der Softwareerstellung von ca. DM 1,6 Mio bis zur Abnahme um 100 % erhöht. Wie der Bericht des Projektleiters zeigt, können Projekte dieser Größenordnung und Komplexität nur durch ausgefeiltes Projektmanagement auf Auftraggeber- und -nehmerseite bewältigt werden.

1.   Projektumfeld und -aufgaben

Die Umstellung der Erzeugung auf moderne Verfahren machte eine Neukonzeption sämtlicher Informations-, Steuerungs- und Planungssysteme notwendig. Im Rahmen der Auftragseinplanung und der Kombination von Aufträgen zu produzierbaren Schmelzen mußten so viele neue Regeln und Zielgrößen zur Produktionsoptimierung berücksichtigt werden, daß fast alle SW-Komponenten neu erstellt bzw. angepaßt werden mußten. Zwischen diesen übergeordneten Planungssystemen (mit Namen PHIS 1) und den Prozeßrechnern, die ebenfalls neu erstellt werden mußten (HW und SW), wurde für die lokale Produktionsplanung und -steuerung des Stahlwerks das Fertigungsleitsystem PHIS 2 konzipiert. Als seine wesentlichen Aufgaben sind zu nennen:

.   Materialflußverfolgung und on-line-Bereitstellung der Planungsdaten und der aktuellen Istdaten an den Bearbeitungsstellen im Stahlwerk
.   Bindeglied zwischen Planungs- und Prozeßebene (Abdeckung der Funktionen der Ebene 2 in den bekannten Mehrebenenhierarchien)
.   aktuelle Produktionsplanung und -steuerung über alle Anlagen des Stahlwerks auf Basis der täglichen Planvorgaben sowie unter Berücksichtigung der aktuellen Prozeßzustände
.   Prozeßsimulation zum Aufzeigen zu erwartender Engpässe der Produktionsanlagen und Wartezeiten der Betriebsmittel
.   Soll-Ist-Vergleich in jeder Bearbeitungsstufe und bei Umplanungen
.   Betriebsmittelverwaltung (Pfannen)

Damit verbunden war die Forderung nach sehr hoher Systemverfügbarkeit (> 99,7 % im 24h-Betrieb über 7 Tage in der Woche). Eine weitere explizite Forderung der Fachbereiche war die Unterstützung mittels graphischer Anzeigen, wie sie im Rahmen der Prozeßvisualisierung bekannt sind.

2.   Projektbeteiligte und -organisation

Vorhaben der Informationsverarbeitung für die Planungs- und Betriebsrechnerebene werden in unserem Konzern - unter Beachtung der Geamtwirtschaftlichkeit - von der Zentralen Datenverarbeitung (ZDV) der Muttergesellschaft gemeinsam mit den Fachbereichen abgewickelt. Trotz der "konzerninternen Nähe" der Beteiligten ergibt sich im einzelnen Projekt ein auftraggeber-/-nehmerähnliches Verhältnis, da die Kosten der erbrachten Leistungen auf den Leistungsempfänger weiterverrechnet werden.

Basis der Abwicklung für PHIS 2 war ein Leistungskatalog, der - z.T. schlaglichtartig - die zu erstellenden Funktionen beschrieb.

Für den DV-Bereich der Konzernmutter begann das Projekt offiziell mit der Vergabe durch die Tochtergesellschaft. Die Stahlwerksleitung bildete ein gemeinsames Team, das aus Mitarbeitern der betroffenen Fachbereiche (Betrieb, Qualitätsstellen, Stoffwirtschaft, Arbeitsvorbereitung), der ORG/DV-Abteilung der Tochtergesellschaft sowie Mitarbeitern der zentralen DV bestand. Da zu Projektstart noch personelle Engpässe in der zentralen DV bestanden, verstärkte sie sich durch Mitarbeiter des konzerneigenen SW-Hauses.

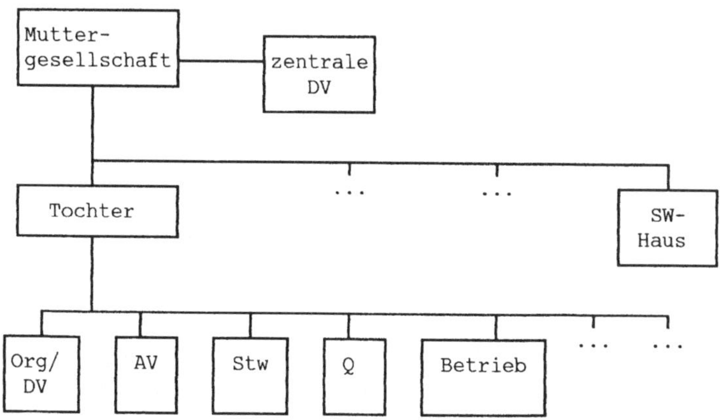

Abb. 1

Sowohl vom Auftraggeber als auch von der zentralen DV wurden je ein Projektleiter benannt, die gemeinsam die anfallenden Arbeiten koordinierten und alle auftretenden Probleme soweit möglich vorklärten. Zur Behandlung grundsätzlicher Punkte wurde eine Projektsteuergruppe - bestehend aus Führungskräften der betroffenen Fachbereiche und der zentralen DV - installiert, die ca. alle vier Wochen tagte.

Inhaltliche Diskussionen wurden auf sogenannten Inbetriebnahmebespre-
chungen mit allen beteiligten Abteilungen geführt, die wöchentlich
durchgeführt wurden.

3. Zeitlicher Ablauf und Aufwand

Die wesentliche Rahmenbedingung für das Gesamtprojekt war die Einbindung in ein Vorhaben, dessen Takt durch den Bau einer weiteren Strang-
gußanlage gegeben war. Das Ende des Anlagenbaus war für November 1985
geplant, das Ende der Hochlauf- und Einfahrphase der Anlage für Anfang
1986.

1984	Definition der Anforderungskataloge für Teilsysteme Vergabe der Prozeßführungssysteme Diskussion der Struktur des Gesamtsystems
Jan. 85	Entscheidung über die Realisierung der PPS-Komponenten durch den Vorstand der Tochtergesellschaft
Anf. Feb. 85	Vergabe an zentrale DV
bis März 85	Erstellung Pflichtenheft für PHIS 1
bis Juni 85	Erstellung Pflichtenheft für PHIS 2

Die Inbetriebnahme der Produktionsplanungsfunktionen (Stufe 1), die zur
betrieblichen Ablaufsteuerung unabdingbar waren, erfolgte termingerecht
ab 15.11.1985. Die Auftragsklärungssysteme wurden um die für die neue
Anlage notwendigen Daten ergänzt, aus den Anforderungen der Aufträge
und den vorhandenen Lagerbeständen wurde der Nettobedarf ermittelt und
dieser Nettobedarf unter Beachtung von z.T. divergierenden Zielen in
einem heuristischen Verfahren zu produzierbaren Schmelzen bzw. Teil-
sequenzen kombiniert.

Parallel hierzu wurden von einem zweiten Team die Funktionen der Stufe
2 konzipiert und realisiert. Die Inbetriebnahme der Stufe 2 erfolgte in
einer Reihe von Teilschritten vom 15.06.1986 bis zum 31.12.1986, um
einmal so schnell wie möglich den Betrieb mit den benötigten Funktionen
zu versorgen und andererseits eine geregelte Projektabwicklung zu ermöglichen. Die Abnahme beider Stufen erfolgte gemeinsam zum 30.06.1987.

15.11.85 - 15.02.86	Inbetriebnahme PHIS 1 in Teilschritten
15.06.86 - 31.12.86	Inbetriebnahme PHIS 2 in Teilschritten
30.06.87	Abnahme PHIS 1 und PHIS 2

Während der gesamten Projektlaufzeit wurde von den beiden Projektleitern ein Katalog mit den notwendigen Änderungen (Fehlern, Ergänzungen usw.) geführt und unter Berücksichtigung der Prioritäten realisiert.

Diese Wartungs- und Nachtragsliste war auch regelmäßiger Gegenstand der Projektsteuergruppensitzungen, wo auf Basis der vorgelegten Kostenschätzungen über die Realisierung entschieden wurde. Da betriebliche DV-Systeme durch den Wandel der Prozeßabläufe und die Vielzahl der Einflußgrößen einem steten Wandel unterworfen sind, werden die Steuergruppensitzungen - auch mehrere Jahre nach offiziellem Projektabschluß - zur Koordinierung der Ergänzungs- und Nachfolgeprojekte weiter aufrechterhalten. Dieser stete Abstimmungsprozeß zwischen Fach-, Organisations- und DV-Bereich auch auf der Führungsebene hat sich bewährt und wird mit geringerer Intensität beibehalten. Auch die zur Inbetriebnahme eingeführten Besprechungen werden noch - ca. alle acht Wochen - durchgeführt.

Der Gesamtaufwand des Projektes ist aus der **Abbildung 2** ersichtlich. Der Vertragsumfang enthält die Kosten der zentralen DV für die Systemkonzeption, die SW-Erstellung und die Inbetriebnahme. Nicht enthalten in dieser Kalkulation sind die "internen" Leistungen der Tochtergesellschaft wie z.B. fachliche Beistellungen. Deutlich erkennbar ist im zeitlichen Verlauf das Anwachsen des Projektumfangs: die ursprünglich vereinbarten Systemleistungen im Sinne des Vertrages wurden nachträglich um Zusatzfunktionen erweitert.

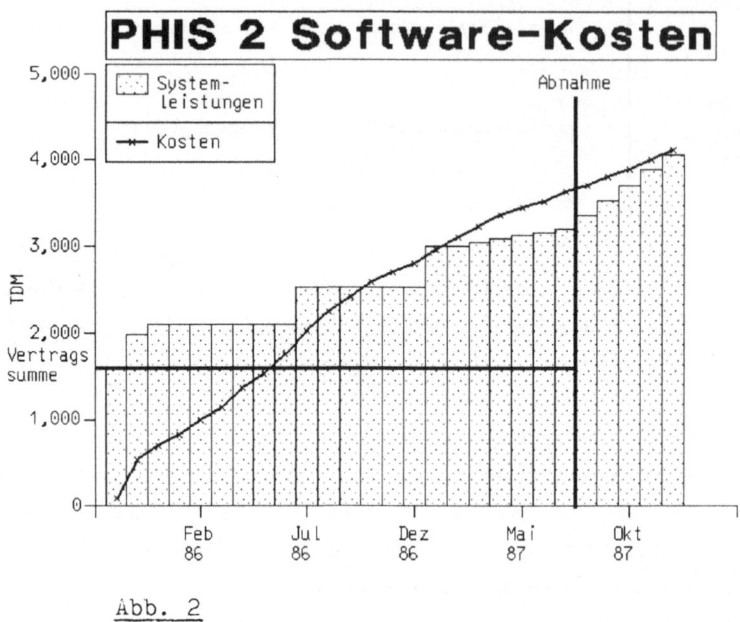

<u>Abb. 2</u>

Die Basis der Kostenkalkulation der zentralen DV waren klassische Aufwandsschätzungen im Analogieverfahren für das in 1984 verfügbare Leistungsverzeichnis. Diese Personaltage wurden mit einem Vollkostensatz zuzüglich Kosten für Rechnerinanspruchnahme während der Systementwicklung bewertet.

4. Dokumentation

Die Dokumentation des Systems und der einzelnen Phasenergebnisse war ein zentraler Punkt der Projektgestaltung, da der Wechsel von Mitarbeitern für dieses Projekt vorgeplant war. Durch die detaillierte Dokumentation aller Funktionen mußte ein reibungsloser Übergang von fremden zu eigenen Mitarbeitern gewährleistet werden, die im Projektverlauf verstärkt die anfallenden Arbeiten übernahmen.

Zur maschinellen Unterstützung wurde ein hauseigenes Dokumentationssystem eingesetzt, das seine funktionalen Schwerpunkte in der Verwaltung großer Dokumentenmengen und der automatischen Erstellung von Inhaltsverzeichnissen, Verweislisten und Versionsauszügen hat.

Jeder Dokumenttyp wurde zielgerichtet für seine Verwendung im Feinkonzept (also zur Systemkonstruktion) und im Benutzerhandbuch entwickelt. Dieser Vorteil mußte jedoch durch erhebliche Redundanz in den Unterlagen erkauft werden, was die Wartung und Pflege der Dokumentation erschwert. Der Gesamtumfang der Dokumentation beträgt 155.000 Zeilen in 612 Dokumenten.

Im einzelnen fanden die folgenden Dokumenttypen Verwendung:

4.1 Pflichtenheft

Das Pflichtenheft enthält keine fest vorgegebene Struktur. In ihm finden sich je nach beschriebenem Objekt (Dialog, Unterprogramm, organisatorische Regelung) folgende Punkte:

o   Masken-/Listenbeschreibung mit den zentralen Begriffen

o   kurze (5 - 10 Zeilen) Funktionsbeschreibung

o   benötigte Daten und Schnittstellen auf der logischen Ebene

o   Hinweise auf evtl. vorhandene DIN-Normen, Rechenvorschriften,
     Konzern-Standards

o   (organisatorische) Abläufe von Funktionen/Arbeiten

Z D V	PHIS - Phoenix-Informations-System, Stufe 2	BLATT:
99. 99.4. 99.4.8.	Alte PHIS Dokumentation Benutzerhandbuch Mailbox	
99.4.8.2.	Anzeigen und Schreiben der Mailbox	19.05.87

```
                                        !------------------!
                                        ! Stand: 15/02/87  !
                                        !------------------!


:BILD         :
Funktion: Anzeigen, Schreiben und Versenden einer Mailbox-Nachricht
---------
```

Beschreibung
============

Über dieses Menue können Nachrichten angezeigt und geschrieben werden.

Das Versenden einer Nachricht geschieht in folgenden Schritten:

1. PF14-Taste drücken, um eine leere Seite zu bekommen

2. Text eingeben
    Die Eingabe des Textes kann mit den aus TSO/ISPF bekannten befehlen
    durchgeführt werden.
    Ein spezieller Hilfe-Text kann über PF1 abgerufen werden.

3. Adressen, wenn die Nachricht quittierungspflichtig ist,
    und/oder
    Kopien, wenn die Nachricht nicht quittierungspflichtig ist
    eintragen.

4. erneut PF14-Taste drücken

Um eine Nachricht zu Kopieren und erneut zu versenden drückt man die PF13-Taste
und verfährt wie beim Schreiben einer Nachricht.

/
Es besteht die Möglichkeit Benutzergruppen zu definieren.
Wenn an eine Benutzergruppe eine Nachricht gesandt werden soll, muß nur die
entsprechende Kennung unter 'Mail-ID' eingetragen werden.

Soll eine Meldung an alle Benutzer im gesamten PHIS geschickt werden, so ist
dies über das Versenden eines Rundbriefes oder eines Rundrufes möglich.
Um einen Rundbrief zu schreiben, muß zusätzlich zu dem oben beschriebenen Weg
das Wort 'RUNDBRIEF' oder 'RUNDRUF' in das Feld 'Menü' eingetragenwerden.

Die Felder 'Adresse' und 'Kopie' brauchen nicht ausgefüllt zu werden.

Die Nachricht kann mit Hilfe der Editor-Commands bearbeitet werden.
Während der Nachrichtenbearbeitung wird nur mit der Daten-Freigabe-Taste die
Ausführung der Editor-Commands angestoßen.

```
/
<------- Absender------->          Absende-
Benutzer Terminal Mail-ID   Datum      Zeit  quittiert   <--B E T R I F F T->
........ ........ ........  99.99.9999, 99.99   ....     ....................

Adresse: ........ ........ ........ ........ ........ ........ ........
Kopie..: ........ ........ ........ ........ ........ ........ ........

.. .........................................................................
.. .........................................................................
.. .........................................................................
.. .........................................................................
.. .........................................................................
.. .........................................................................
.. .........................................................................
.. .........................................................................
.. .........................................................................
.. .........................................................................
.. .........................................................................
.. .........................................................................
```

Z D V	PHIS – Phoenix-Informations-System, Stufe 2	BLATT:
99. 99.4. 99.4.8.	Alte PHIS Dokumentation Benutzerhandbuch Mailbox	
99.4.8.2.	Anzeigen und Schreiben der Mailbox	19.05.87

Ein-/Ausgabefelder
==================

Bezeichnung	Beschreibung	Bemerkung

ABSENDER
  MAIL-ID
  BENUTZER
  TERMINAL
	
	Benutzergruppenkennung
	Absenderkennung der
	Nachricht
		
		wird ueber DITAS umgesetzt
		wird vom Programm gesetzt
		"

ABSENDE
  DATUM
  ZEIT
	
	Erstellungsdatum der
	Nachricht
		
		"
		"

QUITTIERT	Kennung, ob die Nachricht bereits gesehen wurde	'JA'/'NEIN'
ADRESSE	Adresse an die der Brief geschickt werden soll	quittierungspflichtige Nachricht
KOPIEN	Adresse an die der Brief geschickt werden soll	nicht quittierungspflichtige Nach- richt
NACHRICHT	zu sendende Nachricht	über PF1 weiterer Hilfe-Text

/
                                                                    ⋇ ⋇ ⋇ ⋇

Funktionstasten
===============

- PF1:   HELP-Taste

- PF3:   Rücksprung zur Auswahlmaske

- PF4:   Rücksprung zur PHIS-Eingangsmaske

- PF7:   vorherige Nachricht anzeigen

- PF8:   nächste Nachricht anzeigen

- PF9:   Menü ankoppeln

- PF12:   Cursor auf Menü positionieren

- PF13:   Nachricht kopieren und weitersenden

- PF14:   Nachricht neu aufgeben

/
Gültige Menü-Commands:
======================

RUNDBRIEF...: Wird der Begriff 'RUNDBRIEF' in das Feld <Menü> eingetragen,
              so wird die eingegebene Nachricht an alle z. Zt. bekannten
              Briefkästen als quittierungspflichtiger Brief abgeschickt.
              (Dies muß vor dem 2. Betätigen der PF13- bzw. PF14-Taste
              geschehen.)

RUNDRUF.....: Wird der Begriff 'RUNDRUF' in das Feld <Menü> eingetragen,
              so wird die eingegebene Nachricht an alle z. Zt. bekannten
              Briefkästen als nicht quittierungspflichtige Kopie abgeschickt.
              (Dies muß vor dem 2. Betätigen der PF13- bzw. PF14-Taste
              geschehen.)

```
+------------------------------------------------------------------------+
| Z D V        PHIS - Phoenix-Informations-System, Stufe 2      BLATT:    |
+------------------------------------------------------------------------+
| 99.          Alte PHIS Dokumentation                                   |
| 99.4.        Benutzerhandbuch                                          |
| 99.4.8.      Mailbox                                                   |
+------------------------------------------------------------------------+
| 99.4.8.2.    Anzeigen und Schreiben der Mailbox              19.05.87   |
+------------------------------------------------------------------------+
|                                                                        |
| Fehlermeldungen (mit Reaktionen)                                       |
|          Meldung             ! Grund / ---> Reaktion / ===> Anweisung   |
| -----------------------------!--------------------------------------    |
|                              !                                         |
| Die Adressen sind teilweise un-! Die rot blinkenden Benutzernummern haben noch |
| bekannt. Die anderen Briefe  ! keinen Briefkäten, oder sind falsch.     |
| wurden abgeschickt.          ! ---> Benutzernummer korrigieren oder     |
|                              ! ===> Fachabt. ansprechen, damit ein neuer |
|                              !      Briefkasten aufgemacht wird         |
|                              !                                         |
|                                                                        |
| :BILDENDE    :                                                         |
|                                                                        |
+------------------------------------------------------------------------+
```

4.2 Verarbeitung

Als Verarbeitung werden alle nicht sichtbaren Bestandteile des Systems
verstanden. Dies sind i.w. Unterprogramme, Sekundär-Transaktionen und
automatisch ablaufende (über die Rechnerkopplungen angestoßene) Verarbeitungen. Diese Dokumente bestehen aus den Teilen:

o   Zielsetzung   (welche Aufgabe hat dieses Modul;

                      Beschreibung aus fachlicher Sicht)

o   Anstoß durch   (von wem wird dieses Modul wann und wie abgerufen)

o   Eingabedaten   (wie sehen die Startparameter aus)

o   Ablauf   (welchen internen Ablauf hat das Modul;

                      Beschreibung aus DV-technischer Sicht)

o   Ausgabedaten   (wie sehen die Ergebnisse aus)

o   Anstoß von   (wer wird von diesem Modul wann und wie aufgerufen)

4.3 Masken

Unter dem Stichwort Masken ist die Benutzerschnittstelle zusammengefaßt. Es handelt sich hier um

o   'echte' Transaktionen oder

o   Textanzeige-Systeme (Help).

mit der Unterteilung:

o   Beschreibung   (welche Aufgabe hat dieses Modul;
                        Beschreibung aus fachlicher Sicht)
o   Maske   (wie sieht die Maske optisch aus)
o   Ein-/Ausgabe   (welches DB-Feld gehört zu welchem Literal;
                        Beschreibung der Attribute und des Formates)
o   PF-Keys   (welche speziellen PF-Keys werden benutzt)
o   Ablauf   (welchen internen Ablauf hat das Modul;
                        Beschreibung aus DV-technischer Sicht)
o   Anstoß von   (wer wird von diesem Modul wann und wie aufgerufen)

4.4 Benutzerhandbuch

Das Benutzerhandbuch beschreibt eine Maske aus Sicht und in der Sprache
des System-Nutzers. Es dient als "Kochbuch" für Notfälle (wer muß wann
und von wem angerufen und informiert werden). Seine Dokumente bestehen
aus:

o   Beschreibung   (welche Aufgabe hat dieses Modul und wie ist es
                        eingebunden; Beschreibung aus fachlicher Sicht)
o   Maske   (wie sieht die Maske optisch aus)
o   Ein-/Ausgabe   (welches fachliche Element gehört zu welchem
                        Literal; Kurzbeschreibung des Feldes; wozu dient
                        es an dieser Stelle)
o   PF-Keys   (welche Funktionen kann man aufrufen)
o   Hinweise   (welche Nachrichten können auf dem BS erscheinen,
                        wie muß reagiert werden)

Das Benutzerhandbuch wird als Help-Text automatisch in eine allgemein
gültige Help-DB gestellt (als Steuerung dienen die Schlüsselworte
":BILD :" und ":BILDENDE :", siehe Dokumentbeispiele). Es können ganze
Dokumente oder Teile von Dokumenten an beliebigen Stellen im System
angezeigt werden. Die Forderung nach 'feldbezogenen, fachabteilungs-
bezogenen Help-Texten' wurde erfüllt. Als Problem hat sich die Bereitschaft der Fachabteilung herausgestellt, diese Funktion (durch Ein-
bringen von Texten) auch zu nutzen.

4.5 System-/Bereitschaftshandbuch

Hierbei handelt es sich um einen groben Überblick über den Systemaufbau
aus der Sicht der DV. In erster Linie soll der Programmierer bei evtl.
Wartungs- und Fehlerfällen unterstützt werden. Eine generelle Unterteilung existiert nicht. Dieser Teil der Dokumentation bleibt somit den
nicht unmittelbar Beteiligten wegen der sehr speziellen Sprache unver-
ständlich.

```
 Z D V           PHIS - Phoenix-Informations-System, Stufe 2   BLATT:

 99.             Alte PHIS Dokumentation
 99.5.           Systemablauf
 99.5.3.         Materialverfolgung

 99.5.3.7.       Mailbox                                          19.05.87

 ZDV/E3

 Automatischer Aufruf der Mailbox:

   In der Dialogsteuerung (P87000) steht nach dem Transaktionsname
   und der Kennung ein 'J', wenn die Mailbox vor dem Menueaufruf
   durchlaufen werden soll.


 Briefkasten einrichten:

   Mit dem DDLT0-Lauf fuer die DB803 wird das Root-Segment eroeffnet.

   ---> TEDIT.B04599.TEST(DDLT0803)


 Briefkasten loeschen:

   - mit DDLT0803, wenn der Briefkasten komplett geloescht werden
     soll

   - durch A87057, wenn eine Nachricht aelter als 4 Stunden ist
     (A87057 wird automatisch alle 2 Std. gestartet)
```

4.6 Datenkatalog

Ein Datenelementkatalog wird (mangels Werkzeug) z.Z. nur manuell in
Form von DB2-Tabellen bzw. Text geführt. Die Beschreibung der einzelnen
Objekte ist jedoch so angelegt, daß nach Einführung eines entsprechenden Werkzeuges die abgelegten Informationen ohne Verlust übernommen
werden können.

5. Sprachen und Werkzeuge

Als Programmiersprachen wurden COBOL II, II.3 (Dialogtransaktionen),
PL/1 (rechenintensive Programme wie Simulationen, Maschinenbelegungen,
Optimierung) und FORTRAN 77 (Prozeßmodelle mit identischen Programmen
für IBM 3090, SIEMENS R10/R30, SIEMENS PC, IBM PS/2) eingesetzt.

Die eingesetzten Werkzeuge waren bzw. sind ISPF, XPEDITER, DOMINUS
(Dokumentationssystem, Eigenentwicklung), SDF II, GDDM-IMD, und
GDDM-ICU.

Standardroutinen (Eigenentwicklungen):

- SIECOM: sämtliche unterlagerte Rechner sind über diese Anwen-
                 derschnittstelle mit dem Zentral-Rechner verbunden;
                 die Kommunikation geschieht über den Austausch von
                 Telegrammen (verbindlicher Standard)
- Online-Druck: die in den Transaktionen erzeugten Listen werden über
                 eine Druck-Transaktion (es gibt keine Batch-Verarbei-
                 tung im System) auf die div. Remote-Drucker verteilt
- LISA: Archivierungs- und Anzeige-System für List-Output
- Mailbox: Informations-System für Personen, Programme und
                 Arbeitsplätze (Terminals)

Sämtliche Dialogmasken wurden mit SDF II erstellt. Zielumgebungen sind
MFS und GDDM-IMD.

Schwierig erwies sich die Programmierung von reinen GDDM-Anwendungen
(über API's) unter IMS. Erfahrungen in diesem Bereich waren nicht vorhanden, da hier Neuland betreten wurde.

Das Problem des automatischen Bildschirm-Refresh (d.h. ein neuer Bild-
aufbau ohne Bediener-Eingriff) konnte erst nach mehrmonatigen Versuchen
gelöst werden, gehört heute aber wie die GDDM-API-Programmierung zum
Bereich der Standardanwendungen.

6.   Systemumfang

Das erstellte System umfaßt in einer baumartigen Menustruktur ca. 340 Menupunkte mit ca. 120 Dialogtransaktionen. Die Verzweigung zwischen Funktionen erfolgt sowohl über Menu-Nummer als auch über Kurzbegriffe, die sich in der betrieblichen Nutzung ebenfalls bewährt haben.

Die Diskrepanz zwischen Menupunkten und Dialogtransaktionen erklärt sich aus den unterschiedlichen Parametrisierungen der Programme, die so mehrfach Verwendung finden konnten.

Realisiert wurden ferner ca. 50 Hintergrundtransaktionen, die system-technische oder anwendungsbezogene Serviceaufgaben wahrnehmen. In ca. 80 Unterprogramme wurden viele Funktionen, u.a. die Datenbeschaffung, standardisiert, was wesentliche Vorteile bei der Systemerstellung mit sich brachte.

Die für das Fertigungsleitsystem notwendige hohe Verfügbarkeit konnte nur realisiert werden, weil das System zwar auf dem gleichen Rechner, aber in einer separaten Umgebung abläuft. Die Verbindung zu den übrigen Systemen wird geschaffen durch wenige Remotetransaktionen, die das System mit Solldaten versorgen bzw. die Istdaten der weiteren Verar-beitung zuführen.

Eine weitere wichtige Systemkomponente ist die Rechnerkopplung zu den unterlagerten Prozeßrechnern, die pro Monat über 1 Million Transak-tionen abwickelt. Die übrigen Aufrufe verteilen sich wie folgt:

Systemkomponente	Aufrufe in 1000/Monat
Datenverwaltung	773
Steuerfunktionen	415
Masken	1.100
Graphikanzeigen	278

Man beachte jedoch, daß die 278.000 Graphikanzeigen ca. 2,3 Mio "Bil-dern" entsprechen, da durch einen Transaktionsaufruf in der Regel mehrere Bildschirme aktualisiert werden.

Genutzt wird das System von ca. 340 Mitarbeitern in vier Schichten.

7. Besonderheiten und Erfahrungen

Die Entscheidung, das Gesamtprojekt (Planungs- und Fertigungsleitsystem) an die zentrale DV zu vergeben, erfolgte nach langer technischer Diskussion und intensiven Vergleichen mit anderen Hard- und Softwareanbietern. Es war hier notwendig, technische Lösungen anzubieten und zu realisieren, die nicht zum Standardumfang der bisherigen Entwicklung gehörten. Daher waren längere Entwicklungszeiten einzukalkulieren. Da aber der Anlagenbau die Einführungstermine vorgab, konnten Termine nur über eine entsprechende Projektgröße eingehalten werden.

Die Arbeiten am Produktionsplanungsteil dieses Projektes bestand zum einen darin, vorhandene Module neuen Produktionsbedingungen anzupassen, zum anderen, wegen der neuen Ablaufstrukturen völlig neue mathematische Verfahren zu entwickeln (z.B. Schmelzenkombinationen). Wegen der vielen Schnittstellen zu anderen EDV-Systemen, die von der ZDV realisiert und gewartet werden (z.B. Auftragsklärung), kamen für die Realisierung dieses Projektteils nur eigene Mitarbeiter in Frage.

Für das parallel zu entwickelnde Fertigungsleitsystem standen nicht ausreichend eigene Fachkräfte zur Verfügung. Deshalb verstärkte man das Team um solche Mitarbeiter unseres SW-Hauses, die Erfahrungen in der Erstellung von Fach-/DV-Konzepten bei Fertigungsleitsystemen mitbrachten.

Bei der Planung der Aktivitäten wurde schon berücksichtigt, daß diese Mitarbeiter nach Abschluß des Projektes das Team verlassen würden. Für jedes Arbeitsgebiet (Materialverfolgung, Arbeitsplanung, Soll-Ist-Vergleiche, Rechnerkopplungen, ...; s. **Abbildung 3**) bestanden die Teams aus eigenen und externen Mitarbeitern. Die einzelnen Teams bestanden aus maximal fünf Personen, um den Kommunikationsaufwand überschaubar zu halten; die Leiter dieser Teams klärten die Schnittstellen des Gesamtsystems miteinander ab.

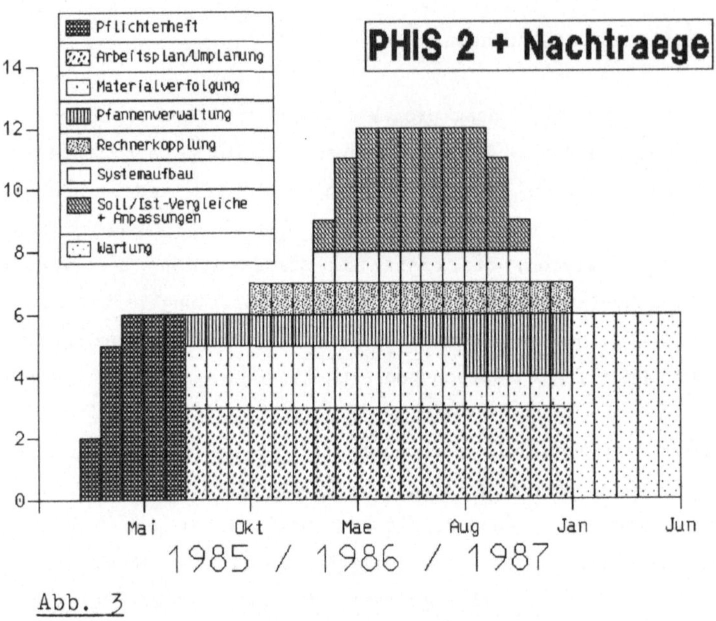

Abb. 3

Innerhalb dieser einzelnen Projektteams und unter Mitarbeit der Anwender erfolgte dann auf Basis des vorliegenden groben und aufgrund von
Zielkonflikten nicht immer widerspruchsfreien Leistungsverzeichnisses
die Erstellung von Pflichtenheftteilen. Die einzelnen Teile wurden in
Teamsitzungen zum Gesamtpflichtenheft zusammengeführt und anschließend
vom Anwender abgenommen.

Diese sehr straffe Vorgehensweise hat sich bei der Abwicklung des Projektes bewährt. Schwierigkeiten gab es bei Aufgaben, die ihrem Inhalt
nach mehr der Forschung und Entwicklung zuzuordnen sind. Es ist auch
unter Einsatz mehrerer Mitarbeiter nicht möglich, komplizierte mathematische Algorithmen in kurzer Zeit zu entwickeln. So standen Zielvor-
stellungen zur Anlagenbelegung schon im Leistungsverzeichnis (LVZ) und
im Pflichtenheft. Die Realisierung unter Berücksichtigung aller betrieblichen Restriktionen ist aber bis heute noch nicht befriedigend
gelöst, und Gespräche mit entsprechenden Hochschulinstituten haben die
Komplexität dieser Aufgabe bestätigt. Deshalb sollten diese Aufgaben
nicht als Bestandteil eines größeren zeitkritischen Projektes angegangen werden.

Das gesamte Fertigungsleitsystem mit allen beschriebenen Funktionen sollte am 13.07.1986 in Betrieb gehen. Die Terminplanung und die Aufwandsschätzung wurde auf Basis des groben LVZ durchgeführt. Die Vergabe des Auftrags an die ZDV erfolgte zum Festpreis.

Diese Art der Vergabe von SW-Systemen, bei denen spezielle organisatorische Abläufe und logische Strategien maßgeschneidert umgesetzt werden sollen, entspricht einerseits nicht der branchenüblichen Vorgehensweise (Phasenmodell mit Korrektur des Kostenansatzes nach Feinkonzept) und war andererseits für beide Partner (Tochtergesellschaft und zentrale DV) neu. Das verständliche Vorgehen seitens der Fachabteilung, bei einem Festpreis soviel wie möglich zu fordern, steht aber im Widerspruch zur notwendigen Kostendisziplin. Das Ergebnis war eine Reihe von Nachträgen (s. **Abbildung 2**).

Die Erfahrungen aus diesem Projekt zeigen, daß Festpreisaufträge auf der Basis unterschiedlich interpretierbarer Funktionsbeschreibungen zu Konflikten führen, die die sachbezogene Arbeit belasten. Andererseits muß man aber akzeptieren, daß komplexe Systeme nicht immer im ersten Ansatz formuliert werden können.

Die Folge der Nachträge und Anpassungen während der Systementwicklung war ein ca. 8 Monate laufender Stufenplan zur Inbetriebnahme.

Vorzeitig wurde die Materialverfolgung in Betrieb gesetzt, dann in Abständen von ca. 2 Monaten die Arbeitsplanung mit der Versorgung der Subsysteme, dann die Soll-Ist-Vergleiche, die Pfannenverwaltung und die Umplanung.

Während der Inbetriebnahme sah man, daß selbst diese einzelnen Module einen viel höheren Schulungs- und Betreuungsaufwand erforderten, als gedacht und im Vertrag aus Kostengründen berücksichtigt war. Hier wie bei anderen industriellen Großprojekten zeigte sich, daß der Aufgabenumfang auch für eine gleichzeitige Organisationsüberprüfung von Betriebsabläufen nicht zu unterschätzen ist.

Bei später in Betrieb gehenden Projekten wurde bereits eine stärkere Strukturierung für die Inbetriebnahme und entsprechender Schulung erfolgreich durchgeführt.

Entwicklung eines Leittechnik-Systems in Stufen

Auch erfahrene Ingenieure und Manager verlieren in großen Projekten leicht die Übersicht; mit dem Umfang wächst die Zeitspanne vom Projektstart bis zum ersten sichtbaren Ergebnis, und damit die Kontrolle im Projekt. Häufig kommt es dadurch zu einem Verlust an Orientierung, und die Termin- und Kostenziele werden weit verfehlt.

In dem nachfolgend beschriebenen Projekt zur Entwicklung eines Leittechnik-Systems auf der Grundlage eines eingekauften Basissystems wurde aus solchen Erfahrungen heraus ein Ansatz gewählt, bei dem das große Projekt (500 Mannmonate) in viele kleine, überschaubare Teilprojekte zerlegt ist. Das Ziel, die Kosten und Termine der Entwicklung besser im Griff zu haben, wurde im Vergleich zu parallel laufenden Entwicklungen nach traditionellem Schema im wesentlichen erreicht.

Es berichten die "Offiziere" des Projekts, also der Abteilungsleiter Entwicklung, der Projektleiter und der Qualitätsingenieur.

1. ZIEL UND EINBETTUNG DES PROJEKTS

Mit dem hier beschriebenen Projekt wurden zwei Ziele verfolgt:
ein produktorientiertes und ein führungsorientiertes.

Das Produkt der beschriebenen Entwicklung, die Basis-Software
für Leitsysteme zur Überwachung und Führung von technischen
Prozessen, läßt sich folgendermaßen charakterisieren:

- Das bei einem Kunden eingesetzte Leitsystem entsteht durch
  Anpassungsentwicklung aus einem Basis-System.

- Das Basis-System kann in zehn bis hundert Kundenprojekten
  eingesetzt werden.

- Die Anpassungen/Erweiterungen in einem Kundenprojekt sind
  bedingt durch spezielle Hardware, kundenspezifische
  Abläufe sowie kundenspezifische Daten, die den jeweiligen
  technischen Prozeß beschreiben.

- Die Abgrenzung zwischen Funktionalität der Basis-Software
  und kundenspezifischer Funktionalität ist problematisch:
  jeder Verkäufer/Kunde will die Wünsche seines Projekts als
  Standard sehen.

- Abbildung 1 zeigt die Struktur eines Leitsystems.

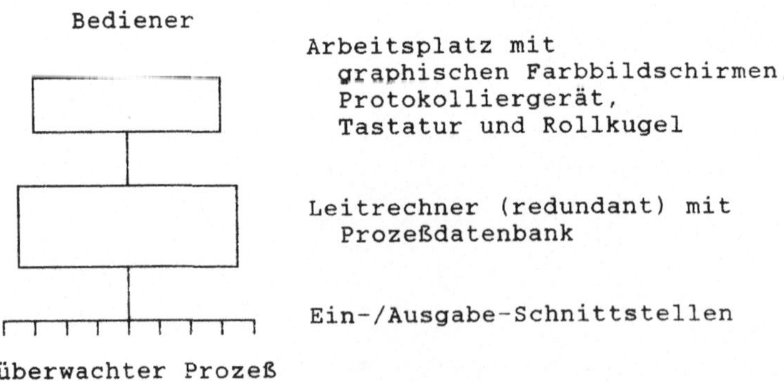

Abbildung 1: Die Leitsystem-Struktur

- Die Größe eines solchen Systems liegt bei einigen hunderttausend Zeilen Quellprogramm, der Entwicklungsaufwand bei
  einigen tausend bis zehntausend Personentagen.

Für die Umgebung, in der die hier beschriebene Entwicklung
stattfand, gilt:

- Lösungsmöglichkeiten für die zu behandelnden Problemstellungen sind aus früheren Entwicklungen bekannt.

- Im Laufe eines Entwicklungs-Projekts ändern sich die
  Anforderungen, da mit neuen Kunden neue Ideen für das
  Produkt aufkommen.

Die Erfahrungen bei der Basis-Entwicklung früherer Lösungen
waren bezüglich Einhaltung finanzieller und terminlicher Vorgaben unbefriedigend. Eine realistische Bewertung des Projekt-
Stands war nicht möglich, Liefertermine wurden laufend verschoben. Der Einsatz neuer Methoden und andere Änderungen im
Ablauf wurden immer wieder mit dem Hinweis abgeblockt, daß man
ja ohnehin in 6 bis 12 Monaten fertig sei und eine Änderung
sich daher nicht mehr lohne. Und diese Aussage wurde während
Jahren akzeptiert.

Mit einem neuen Ansatz, der Entwicklung eines Software-Systems
in Releases, d.h. in einer Folge von kurzen Projekten, sollte
dem Management die Kontrolle des Fortschritts ermöglicht werden. Zudem sollte der Fortschritt in anderen Größen als vorweisbarer Funktionalität - sprich lauffähigem Programm -
bewertet werden können. Spezifikations- und Entwurfsarbeiten
sollten auch im Maß des Arbeitsfortschritts sichtbar werden.

Vor Beginn des Projekts wurde eine Aufwandsschätzung für die
Zustimmung des Managements vorgenommen; darin wurden die
Kosten für den Lebenszyklus des Produkts abgeschätzt.

Der hier dargestellte Überblick beschreibt den Stand der Entwicklung sechs Jahre nach dem Entscheid für die Durchführung.
Die Gesamtkosten in dieser Zeit betrugen etwa 7,5 Millionen
DM.

2. ORGANISATORISCHE RANDBEDINGUNGEN

Die Entwicklung erfolgte in einer Abteilung mit insgesamt 100
Entwicklern. Die Mehrheit der bis zu zwölf an diesem Projekt
beteiligten Entwickler war in einer Projektorganisation zusammengefaßt (siehe Abbildung 2). Teile der Entwicklung wurden an
andere organisatorische Einheiten vergeben.

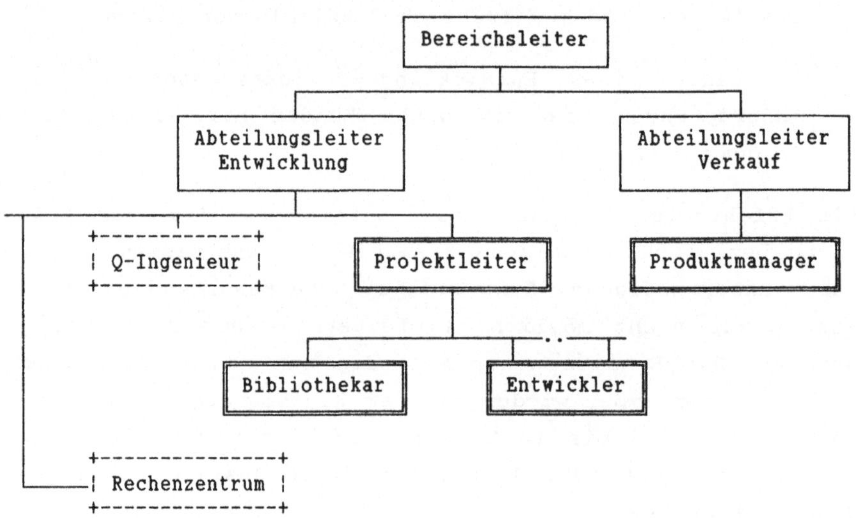

Legende: | Linienverantwortung

              ‖ ausschließlich für das Projekt tätig

              ¦ erbringen Dienste für das Projekt

           Abbildung 2: Die Organisationsstruktur

Für das Projektteam standen außerhalb der Projektorganisation
folgende Dienstleistungen zur Verfügung:

- **ein Produktmanager**
  zur Festlegung der Funktionalität und der Reihenfolge
  ihrer Implementierung, sowie zur Verkaufsfreigabe eines
  Releases

- **ein Rechenzentrum**
  zur Betreuung der Rechnersysteme, insbesondere zur Bereitstellung der benötigten HW-Konfigurationen und Betriebs-
  systemversionen

- **Mitarbeiter des Qualitätswesens**
  zur Festlegung und Überwachung der Wirksamkeit von Maßnahmen zum Erreichen der gewünschten Projekt- und Produkt-
  Qualität.

3. DIE GEWÄHLTE ENTWICKLUNGSMETHODE

Für die Entwicklung wurde konkret folgendes Vorgehen gewählt:

- Zerlegung der Entwicklung in Schritte von 6 Monaten Dauer;
  nach jedem Schritt sollte das neue Release in Produktform
  vorliegen, um
  - eine Bewertung der Entwicklung auf Systemebene zu
    erlauben und
  - als Basis für eine Kundenentwicklung dienen zu können.
- Bereitstellung eines ersten ausführbaren Release des
  Systems so schnell wie möglich, um
  - die Realisierbarkeit der Entwicklungs-Idee zu zeigen,
  - das System potentiellen Kunden demonstrieren zu
    können,
  - das System am Markt spiegeln zu können und so mög-
    lichst schnell Information über den Marktwert des
    Systems zu erhalten,
  - durch einen raschen Erfolg die Entwickler zu moti-
    vieren.
- laufende Überprüfung des Vorgehens durch das Qualitätswesen.

Im Zentrum des gewählten Ansatzes steht die Entwicklung des
Systems in einer regelmäßigen Folge von Releases. Ein Release
ist durch einen Satz von funktionalen und qualitativen Anforderungen definiert. Als Intervall für die Ausgabe von Releases

wurden sechs Monate gewählt. Die Entwicklung jedes einzelnen
Releases wurde als eigenes Projekt mit folgenden Phasen
geführt:

Planung des Releases

Spezifikation der Anforderungen, Grobentwurf, Abschätzung
der Kosten, Planung der Entwicklungskapazität und Machbar-
keitsstudien (einschließlich Fast Prototyping) sind die
hauptsächlichen Tätigkeiten dieser Phase. Der Verkauf von
Kundenentwicklungen, die auf diesem Release basieren, wird
erst nach Abschluß dieser Phase freigegeben.

Implementierung des Releases

Hauptaktivitäten sind die Detailspezifikation der Funktionen, der Entwurf der Änderungen gegenüber dem letzten
Release (einschließlich Reviews), Entwurf der Tests, Co-
dierung und Test der Modifikationen, Integration der Modifikationen ins System und der abschließende Systemtest.

Verpacken des Releases

Konfigurieren des Releases, formaler Abnahmetest sowie
Projekt- und Produkt-Audit sind die wesentlichen Aktivitäten dieser Phase. Die Konfigurationsverwaltung liefert
eine umfassende Liste der zum Release gehörenden Einheiten
(umfassend bedeutet einschließlich Daten und Dokumentation). Der formale Abnahmetest durch ein unabhängiges
Team dient der Bestätigung der Konsistenz der Einheiten
und des Verhaltens gemäß den gestellten Anforderungen.
Projekt- und Produkt-Audit durch das unabhängige Qualitätswesen schaffen zusätzliches Vertrauen in die Qualität
des Entwicklungsprozesses und des Produkts.

Wartung des Releases

Ein Vorzug dieses Vorgehens ist die Tatsache, daß in
dieser Phase nur noch Fehler behoben werden. Alle notwendigen Erweiterungen fließen in künftige Releases ein. Wenn
die Entwicklungen aufwärtskompatibel sind und die Nach-
führung aller installierten Anlagen auf einen neuen
Release durchgeführt ist, kann die Wartung eines Releases
aufgegeben werden.

Die Phasen verteilten sich in etwa folgendermaßen auf der
Zeitachse:

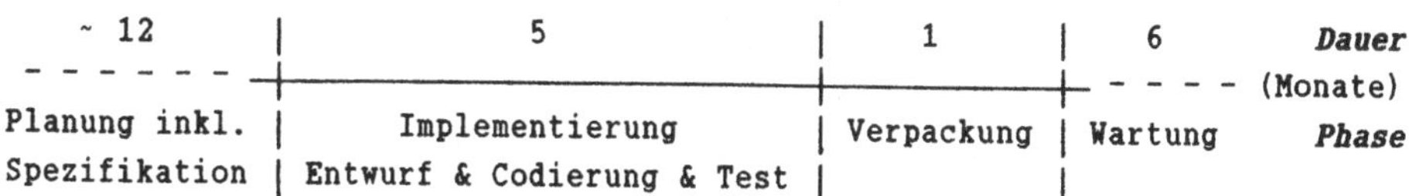

Abbildung 3: Dauer der Phasen eines Release-Schritts

Die Aufgaben jeder Phase wurden in Arbeitspakete zerlegt. Ein
Arbeitspaket umfasst einen Aufwand von 10 bis 40 Personen-
tagen. Diese Arbeitspakete dienten als Basiselemente bei
Planung, Führung und Kontrolle.

4. AUFWAND

Die Entwicklung ergab nach sechs Jahren mit einem Aufwand von
7000 Personentagen (im Durchschnitt also 8 Entwickler) 170'000
Anweisungszeilen Quellcode und nochmals soviel Kommentar- und
Leerzeilen. Davon entfallen 83% auf das Basis-System selbst
und 17% auf Werkzeuge und Umgebungsprogramme (z.B. Test-
umgebung).

Der Aufwand des Projektteams teilt sich wie folgt auf:

Softwarearbeiten wie Entwurf, Codierung, Test	70%
Produktplanung, -überwachung	10%
Benutzerdokumentation	8%
Ausbildung	4%
technische Verkaufsunterstützung	4%
Qualitätssicherung durch das Entwicklungsteam selbst	4%

Allgemeiner Verwaltungs- und Führungsaufwand ist in den 7000
Personentagen nicht enthalten.

5. SCHÄTZ- UND ENTWICKLUNGSMETHODEN, WERKZEUGE

Die für die einzelnen Tätigkeiten im Projekt eingesetzten
Hilfsmittel sind nachfolgend zusammengefasst.

Planung	informell, von Hand
Spezifikation von Anforderungen	informell, Dokumente
Entwurf	informell, Dokumente
Codierung	FORTRAN, syntaxgesteuerter Editor
Konfigurationsverwaltung	Konfigurationswerkzeug, Prozeduren
Test	Testoutput im System
Qualitätssicherung	SQS-Plan, Audits, Werkzeuge zur Ermittlung von Kennzahlen

Während der Entwicklung wurden Schätzungen zum Teil auf der
Basis von Zeilen Quellprogramm nach COCOMO (Boehm, 1981)
durchgeführt, zum Teil auf der Annahme einer Produktivität von
20 Zeilen Quellprogramm pro Personentag.

Die Dokumente sind mit Hilfe eines Textverarbeitungssystems
erstellt worden (informell). Die Inhalte sind, zusammen mit
dem Zweck und Leserkreis, für jede Art der Dokumente im
Dokumentationsplan vorgegeben gewesen und das Inhaltsverzeich-
nis für jede Art der Dokumente zudem in Form einer Datei vor-
gelegen. Der Dokumentationsplan diente ebenfalls der Überwachung vom Status der Dokumente.

Zur Aktualität der Dokumentation des Feinentwurfs beigetragen
hat die Verwendung eines Werkzeugs, das auf Knopfdruck aus dem
Quellcode das Feinentwurf-Dokument erzeugt hat. Die Entwickler
mussten also nur den Quellcode, den sie ohnehin in die Finger
nehmen mußten, nachführen.

Erwähnenswert aus dieser Liste sind der Testoutput und die
Maßnahmen zur Qualitätssicherung.

Der Testoutput besteht in der Festlegung einer einheitlichen
Methode, mit der Werte aus den verschiedenen Routinen ausge-
geben und zentral verwaltet werden können. Für gewisse Ereig-

nisse ist der Kontrolloutput vorgeschrieben, z.B. für den
Start der Ausführung eines Programms oder eines Unter-
programms. Andere Ereignisse kann der Entwickler eines Moduls
selbst definieren. Der Testoutput ist Teil des Produkts und
kann dynamisch ein- und ausgeschaltet werden.

Spezieller Aufwand wurde betrieben, um laufend die Wirksamkeit
der verschiedenen Maßnahmen zu verfolgen. Die Anforderungen an
die Projekt-Qualität wurden in einem Software-Qualitätssicherungsplan (SQSP) gemäß IEEE Standard 730 (IEEE 1984)
festgelegt. Der Plan wurde knapp formuliert und definiert, wo
immer möglich, die Ziele in meßbaren Größen. Eine vom Plan
abgeleitete Checkliste diente als Grundlage für regelmäßige
Projekt-Audits. Diese sollten zeigen, wie weit die aufge-
stellten Projekt-Qualitätsanforderungen vom Projekt-Team eingehalten wurden und, noch wichtiger, wo Verbesserungen sinnvoll sind.

Ein 'Hobby' der mitwirkenden QS-Stelle war die regelmäßige
Erhebung von verschiedenen Kenngrößen. Dazu wurde mit einem
Aufwand von 200 Personentagen (im Qualitätswesen) ein Satz
einfacher Werkzeuge entwickelt. Mit diesen betrug der Aufwand
zum Messen eines Releases etwa einen Personentag.

Einige Resultate sind im nächsten Kapitel dargestellt.

6. BESCHREIBUNG DES RESULTATS

Aus den verschiedenen Resultaten des Projekts sollen hier
einige Meßresultate zur **Projekt-Qualität** und zur **Produkt-
Qualität** vorgestellt werden.

In der Entwicklung erfolgte die Fortschrittskontrolle wöchentlich, nach außen monatlich. Neben dem Ist-Zustand ist jeweils
eine Prognose für den Fertig-Zustand ermittelt worden. Vor der
Ausgabe eines Release wurde jeweils ein Projekt-Audit durchgeführt. Anhand einer vom Software-Qualitätssicherungs-Plan
abgeleiteten Checkliste wurde der Stand des Projekts bezüglich

Erreichung der festgelegten Ziele, der gelieferten Arbeitsergebnisse sowie der Einhaltung der definierten Arbeitsabläufe
ermittelt und in einem Bericht festgehalten.

Die Abbildung 4 zeigt die Gegenüberstellung von numerischen
Auswertungen einer Folge von Projekt-Audits, die jeweils nach
Abschluß der Arbeiten an einem Release durchgeführt wurden.
Die Darstellung zeigt, daß

- der Software-Qualitätssicherungsplan regelmäßig nachge-
  führt wurde, um überflüssige Anforderungen zu eliminieren
  oder neue, eventuell strengere zu erlassen,
- die Zahl der erfüllten Punkte stetig zunimmt, d.h. die
  Projekt-Qualität steigt,
- das Ziel hoch gesteckt ist und somit Raum für Verbesserung
  blieb.

Abbildung 4: Resultate von Projekt-Audits

Der Verlauf der Kurve in Abbildung 5 zeigt, wie das "zu 90%
fertig"-Syndrom durch Definition einer entsprechenden Anfor-
derung angegangen wurde. Als Maß wurde das Verhältnis zwischen
Dauer einer Tätigkeit (Arbeitspaket) in Kalendertagen und Aufwand in Personentagen gewählt. Dieser Definition liegt die
Vermutung zugrunde, daß ein Teil des Problems im Zögern des
Entwicklers liegt, etwas als abgeschlossen zu erklären und aus
der Hand zu geben.

Die Dauer einer Aktivität ist definiert als die Zahl von Kalendertagen zwischen der Aufnahme der Arbeit an der Aktivität bis zu ihrem Abschluß (Abschließen in der Planung). Das gesetzte Ziel ist ein Wert von zwei für dieses Verhältnis. Beim fünften Audit war der ermittelte Wert 3.8 - eine wesentliche Verbesserung gegenüber dem ersten Wert von 41. Die Erfahrung hat aber auch gezeigt, daß mit der gewählten Definition bestenfalls ein Wert von 3.0 erreichbar ist und daher das erste Ziel zu hoch gesteckt war.

Bei der Bestimmung der Produkt-Qualität wurden neben der üblichen Funktions- und Leistungsprüfung in Form von Tests auch Kennzahlen (Metriken) ermittelt. Unsere Erfahrung zeigt, daß die Auswertung von Metriken zur Bestimmung der Produktweiterentwicklung von großem Wert sind. Die Erhebung des gleichen, kleinen Satzes von Meßgrößen für die verschiedenen Entwicklungsstufen des gleichen Produkts lieferte einen Satz von Daten, der Problembereiche wie auch Teile mit guter Qualität anzeigte.

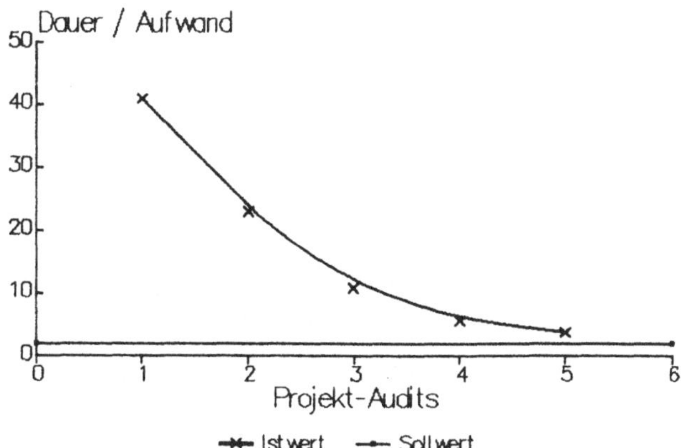

Abbildung 5: Verhältnis von Dauer zu Aufwand der Aktivitäten

Im Vorfeld des Projekt-Audits wurde jeweils ein kleiner Satz von Produkt-Kennzahlen (insgesamt ca. 30) ermittelt und die Auswertung (vor allem der Trend!) im Audit-Bericht publiziert.

Die Wahl einer Metrik muß durch ein Ziel geleitet sein. Bei
der hier vorgestellten Entwicklung war eines der Ziele, die
Abhängigkeit vom Betriebssystem und damit den Aufwand zum
Portieren auf eine neue Version des Betriebssystems oder ein
völlig neues Betriebssystem klein zu halten. Das Spektrum mög-
licher Maße ist nur durch den Einfallsreichtum begrenzt; im
beschriebenen Projekt wurden dazu Größen wie Anzahl Module mit
Referenzen zum Betriebssystem, Anzahl aufgerufener Betriebs-
system-Funktionen und ähnliche erfasst.

Die wichtigsten ermittelten Kennzahlen sind:

a) Anzahl Zeilen Code (Leer-, Kommentar- und Anweisungs-
    zeilen)
b) Anzahl Dateien (Quellcode, ausführbarer Code, Daten, Text)
c) Anzahl maschinen- oder betriebssystemabhängiger Module
d) Anzahl Anweisungszeilen mit Maschinen- oder Betriebs-
    systemabhängigkeit
e) Dichte von nicht deklarierten Konstanten
f) Statische Aufrufhäufigkeit von Unterprogrammen

Das Wichtige an den Werten sind nicht die Zahlen selbst, sondern die Interpretation der Zahlen bzw. der Veränderung der
Zahlen von Release zu Release. Als Beispiel soll hier die
beobachtete Aufrufhäufigkeit von Unterprogrammen diskutiert
werden.

Die Kennzahl f) wurde erstmals im letzten Release ermittelt.
Aus Abbildung 6 kann man etwas Verblüffendes herauslesen: 36
Unterprogramme werden nirgends aufgerufen. Weitere Erkennt-
nisse aus dieser Untersuchung (nicht alles ersichtlich aus der
Abbildung):

a) Die Verteilung ist etwa exponentiell
    Sie entspricht also dem Entwurf des Produkts in Schichten.
    Die Häufigkeit der Aufrufe nimmt mit der Höhe der Schicht
    ab.
    Bemerkung: Die unterste Schicht mit Infrastruktur Routinen
    ist in der Abbildung aus Gründen der Darstellung nicht

enthalten. Die Häufigkeit der Aufrufe liegt hier im Bereich von Hunderten.

b) Die durchschnittliche Anzahl Unterprogramm-Aufrufe ist 12. Diese Zahl deutet eine gute Nutzung der Unterprogramme an.

c) 37 Unterprogramm-Namen sind mehrfach belegt, d.h. es gibt mindestens **zwei** Unterprogramme mit dem gleichen Namen (eine klassische Fehlerquelle, Mangel in der Konfigurationsverwaltung).

d) In **64** Aufrufen stimmen die **Anzahl** der Parameter im Aufruf und in der Definition nicht überein. Diese bekannte Unzulänglichkeit von FORTRAN ist eine potentielle Fehlerquelle.

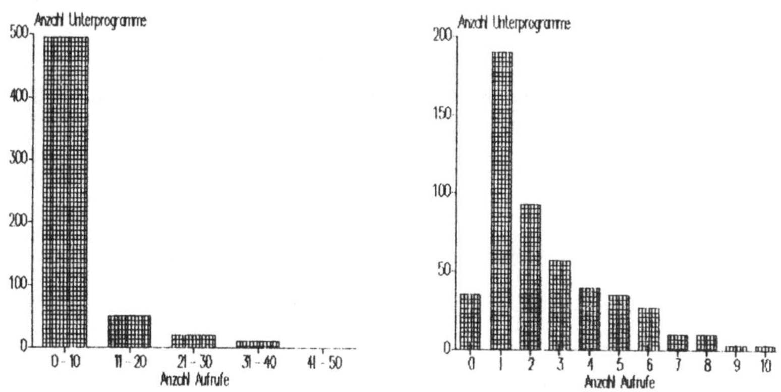

Abbildung 6: Statische Aufrufhäufigkeit von Unterprogrammen

7. PROBLEME UND VORTEILE DES PROJEKTS

Probleme erlebte das Projekt vor allem aus seiner Umgebung. Die intensive Beobachtung sowie die Erfolge führten zu Miß- stimmungen bei den anderen Entwicklungsteams.

Vorteilhaft für die Entwicklung war die Qualifikation der
Schlüsselpersonen. Der Projektverantwortliche hat durch seine
Persönlichkeit und Kompetenz viel zum Erfolg beigetragen. So
mußten z.B. keine formalen Reviews eingeführt werden, der
Projektverantwortliche las und bewertete die von den Team-Mit-
gliedern erstellten Dokumente und teilweise auch die Programme
selbst.

Weiteren Einfluß hatte der Wechsel im Management sowohl der
Entwicklungsumgebung wie in der Führung des Projekts. Das
führte zu einem anderen Qualitätsverständnis in der Entwicklungsumgebung. Sichtbares Merkmal ist (unter anderem) die
Reduktion der laufenden Messungen. Auch das fehlende Verständnis der gesetzten Ziele führte zu unglücklichen Reaktionen. So
war z.B. eines der Maße für die Projekt-Qualität die Anzahl
der offenen Problem-Meldungen. Als dieser Wert die Vorgabe
immer stärker überschritt, wurden die Entwickler angewiesen,
weniger Problem-Meldungen auszufüllen und sich auf die
schlimmsten Probleme zu beschränken! Mit dieser Wirkung hatte
keiner der Autoren der Vorgaben gerechnet.

8. GEWONNENE ERKENNTNISSE

Wesentlicher Vorteil des gewählten Vorgehens ist die Häufig-
keit von "Lieferungen" mit strikter Kontrolle von Qualität,
Wert,. Kosten und Terminen. Die Wahl des Release-Intervalls ist
ein Kompromiß zwischen den Kosten für die Erstellung des
Release und dem möglichen Nutzen durch Verminderung des
Risikos. Ein Wert zwischen 6 und 9 Monaten scheint für
Projekte der beschriebenen Größe angemessen zu sein.

Bei einem Release-Intervall von 6 Monaten werden die Pläne -
vom Beginn ihrer Planung bis zum Ende der Release-Wartung -
höchstens zwei Jahre umfassen und etwa 10 bis 20 Mannjahre
Entwicklungsaufwand beinhalten. Man beachte, daß die lange
Planungsphase die Hauptursache für die zwei Jahre ist. Die
beiden Phasen Realisierung und Verpackung füllen das Release-
Intervall (z.B. sechs Monate) aus; die Wartungs-Phase dauert

nochmals so lange. Die Hälfte der Release-Lebensdauer geht in die Planung - genügend Zeit, um extensiv von Fast Prototyping Gebrauch zu machen.

Zu jedem Zeitpunkt sind die Realisierungs-, Verpackungs- und Wartungs-Phase von nur einem Release im Gang. Bedingt durch die Länge, wird sich die Planung zweier aufeinanderfolgender Releases überlappen. Dies erlaubt eine große Flexibilität in der Zuordnung von Anforderungen zu den Releases in Abhängigkeit von den verschiedenen Offerten und Projekten. Eine strenge Disziplin bei der Dokumentation und Kommunikation der Entscheidungen im Team ist notwendig, da sonst eine Verwirrung über das endgültige Aussehen eines Releases die unausweichliche Folge ist.

Der Vergleich zu anderen Projekten zeigt, daß die Einführung neuer Methoden/Werkzeuge zu Beginn eines neuen Projekts viel leichter durchführbar ist. Bei diesem Projekt wurden etwa 700 Personentage Aufwand in die Vorbereitung der Entwicklung, d.h. in die Definition von Abläufen, die Festlegung von Dokumenten und deren Inhalt, die Bereitstellung von Werkzeugen und die Konfigurationsverwaltung investiert, bevor mit der eigentlichen Entwicklung begonnen wurde. Die Akzeptanz der Maßnahmen durch die neuen Projektmitarbeiter war gut.

Die Aufwandsschätzung für das Gesamt-Projekt, die für die erste Go/NoGo-Entscheidung erstellt wurde, d.h. zu einem Zeitpunkt, zu dem die Spezifikation des Systems erst vage vorlag, wurde in einem Zeitraum von drei Jahren um dreißig Prozent überschritten. Gegenüber früheren Überschreitungen in der Größenordnung von 300 bis 600 % eine wesentliche Verbesserung.

9. SCHLUSSBEMERKUNGEN

Das Zusammenwirken von Entwicklungsansatz und laufender Überprüfung ergab ein in jeder Beziehung erfreuliches Resultat.

Das Konzept der Entwicklung in Releases in einem Intervall von
6 Monaten zeigte erfreuliche Auswirkungen auf die Stimmung
(und Produktivität) des Entwicklungsteams. Die häufige Präsen-
tation "ihres" Produkts anderen internen Gruppen, dem
Management und den Kunden, fördert den "Handwerkerstolz" der
Entwickler. Das erfolgreiche Bestehen aller Abnahmetests und
Audits bringt Befriedigung in der Arbeit und fortgesetzte
Motivation.

Die einfache Tatsache der regelmäßigen Durchführung von
Projekt- und Produkt-Audits schärft das Bewußtsein gegenüber
Qualitätsaspekten und bewirkt eine stetige Verbesserung von
Projekt- und Produkt-Qualität. Die Sammlung der gemessenen
Werte ist ein Schatzkästlein, das erlaubt, Schlüsse über Stär-
ken und Schwächen bei der Produktion von Systemen zu ziehen
und eine Menge über die Gesetzmäßigkeiten des Prozesses
"Software-Entwicklung" zu lernen.

Realisierung einer CASE-Entwicklungsumgebung

Die Entwicklung von Werkzeugen für die Software-Entwicklung stellt eine spezielle Aufgabe dar: Einerseits sind die Anforderungen nur teilweise vorgegeben, müssen also im Rahmen der Entwicklung geklärt werden, andererseits ist der Aufwand sehr hoch, so daß es naheliegt, die Komponenten des Systems auch in anderen Werkzeugen einzusetzen.

Dieser Beitrag beschreibt Arbeitsschritte und Erfahrungen bei der Erstellung einer CASE-Entwicklungsumgebung. Ihr Zweck ist es, Werkzeuge für die technische Unterstützung im Softwareerstellungsprozeß bereitzustellen. Dabei wurde eine Konzeption angestrebt, bei der die Werkzeuge in verschiedene Entwicklungsumgebungen eingebunden werden können. Gleichzeitig sollte die Software als wiederverwendbare Basis für ähnliche Aufgabenstellungen geeignet sein.

Die Produktentwicklung der ersten Ausbaustufe mit einer Gesamtdauer von gut einem Jahr basierte auf Erfahrungen, die mit einem Prototypen gemacht worden waren.

Im Mittel waren sechs Personen an der erste Ausbaustufe beteiligt; aus ihrem Kreise kommt dieser Bericht.

1. Ziel und Einbettung des Projekts

Dieser Beitrag beschreibt Arbeitsschritte und Erfahrungen bei der Erstellung einer
CASE - Entwicklungsumgebung.
CASE - Computer Aided Software Engineering - heißt, Software mit Methoden
und Werkzeugen ingenieurmäßig und computergestützt zu erstellen.
CASE-Entwicklungsumgebungen, allgemein betrachtet, bestehen aus einer Reihe
von aufeinander abgestimmten Werkzeugen zur Unterstützung im Software-
Erstellungsprozeß für die technische Ausführung und für das Projektmanagement.
Die in diesem Artikel betrachtete CASE-Entwicklungsumgebung stellt allerdings
nur Werkzeuge für den technischen Teil der Softwareerstellung bereit, nicht für
das Projektmanagement.
Diese Entwicklungsumgebung wird bei der Softwareerstellung in unterschiedlichen Anwendungsgebieten eingesetzt, etwa im Bereich der embedded systems,
der Kommunikationssysteme und der transaktionsorientierten Software.

Die Werkzeuge der Entwicklungsumgebung sind (siehe Bild 1.1):
-   grafische Editoren zur Darstellung der statischen und dynamischen Struktur
    des zu erstellenden Software-Systems;
-   Analysewerkzeuge für die statische, dynamische und Konsistenz-Prüfung der
    Entwürfe;
-   Simulatoren, die es ermöglichen, das Systemverhalten bereits beim Entwurf zu
    simulieren und damit zu validieren;
-   Transformatoren, um den Systementwurf in unterschiedliche Darstellungen
    umzusetzen (z.B von einer graphischen Darstellung in eine formale textliche
    Form und umgekehrt) und
-   Implementierungswerkzeuge zur Realisierung des Systems für unterschiedliche
    Zielumgebungen (z.B. Codegeneratoren oder Testwerkzeuge).
Sie alle haben eine einheitliche Bedienoberfläche und setzen auf einer einheit-
lichen, objektorientierten Datenschnittstelle, dem Objektverwaltungssystem, auf.
Ziel war es, die Entwicklungsumgebung universell einsetzbar zu konzipieren:
Einerseits als eigenständiges Werkzeug, andererseits als Bestandteil von Werk-
zeugketten in anderen Entwicklungsumgebungen.

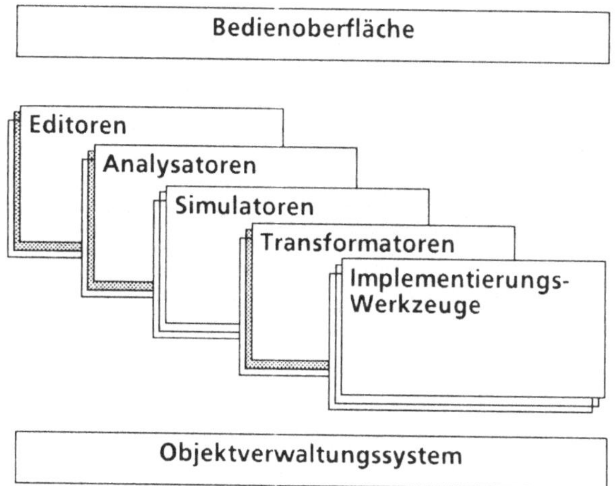

Bild 1.1: Architektur der CASE-Entwicklungsumgebung

Die Softwarekomponenten sollten so weit wie möglich mehrfachverwendbar be-
schaffen sein. Der Grund dafür war insbesondere die Erkenntnis, daß z.B. Editoren
für grafische Sprachen eine Reihe von gemeinsamen Kernfunktionen und Basis-
objekten benötigen: "Kästchen" oder "Pfeile" werden erzeugt, gelöscht,
verschoben, kopiert und beschriftet. Solche allgemeinen Objekte und Funktionen
sind in einem Basis-Editor zusammengefaßt, sie erhalten ihre spezielle Semantik
(z.B. für Analyse und Design mit Hilfe der Methoden Structured Analysis (SA),
Specification and Description Language (SDL) oder Petri Netzen) durch die
spezifischen Erweiterungen außerhalb des Basis-Editors (Bild 1.2). So können mit
Hilfe der Basisobjekte grafische Editoren mit einem Aufwand von wenigen Monaten erstellt werden.
Die Basisobjekte und Kernfunktionen sind aber auch für die Erstellung von
Transformatoren, Analysatoren bzw. Simulatoren bei adäquater Konzeption
wiederverwendbar.

Zur Realisierung der geschilderten CASE-Entwicklungsumgebung wurden moderne Konzepte und Verfahren eingesetzt:
- Objektorientiertes Design und Objektorientierte Programmierung,
- eine Systemarchitektur, welche die Wiederverwendbarkeit von Systemkomponenten für andere CASE-Werkzeuge ermöglicht (siehe auch Bild 1.2).

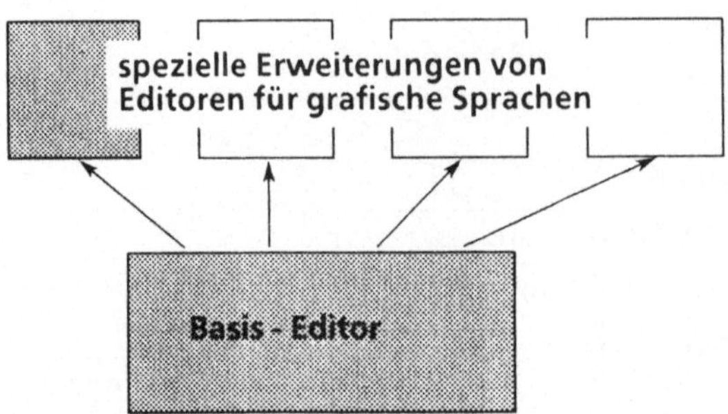

Bild 1.2: Editoren für grafische Sprachen

Der Projektbeginn lag im Juni 1986. Die erste Version der CASE-Entwicklungsumgebung war im September 1987 fertiggestellt, weitere Versionen folgten. In
diesem Artikel wird der Entwicklungszeitraum für die erste Version geschildert.
In diese Zeitspanne fiel die Konzeption und Planung der gesamten Entwicklungsumgebung. Außerdem wurden der Basis-Editor, eine spezielle Ausprägung eines
grafischen Editors, ein Transformator und der entsprechende Analysator implementiert und ausgeliefert (siehe Schattierungen in Bild 1.1 und Bild 1.2).
Das Entwicklerteam bestand im Durchschnitt aus sechs Mitarbeitern.

In Bild 1.3 sind einige der Einflußgrößen auf das Projekt gezeigt.
In der entwickelnden Abteilung war breites Wissen und vielseitige Erfahrung mit
graphischen Entwurfssprachen, Software-Engineering-Methoden und Werkzeu-
gen vorhanden. Alle Mitarbeiter verfügten über das nötige allgemeine CASE-
Know-how. Somit war keine spezifische Schulung nötig, die dann wiederum dem
Projekt hätte zugeschlagen werden müssen.
Im Vorfeld des Projekts wurde ein Prototyp entwickelt. Dieser war für das
Entwicklerteam und für Auftraggeber und Anwender gleichermaßen wichtig und
nützlich:
Aufgrund der Erfahrungen mit dem Prototypen konnten die Anforderungen an
die CASE-Entwicklungsumgebung klar formuliert werden. Auch bezüglich der
Realisierung konnte im Entwicklerteam für dieses Projekt spezifisches technisches
Know-how gesammelt werden.
Schließlich war die Projektarbeit von Zulieferungen etwa bzgl. Datenhaltung oder
der Gestaltung von Bedienoberflächen abhängig.

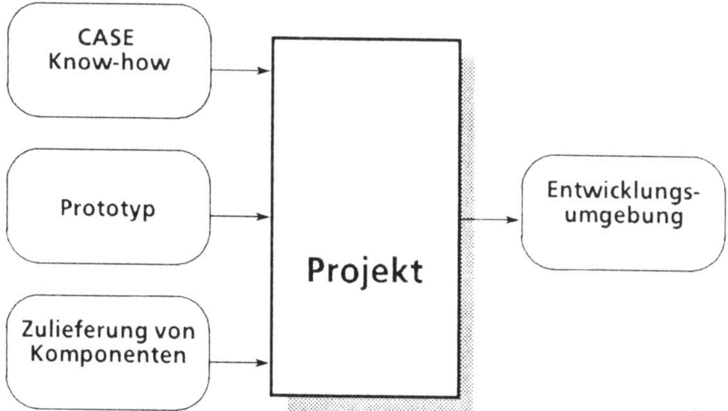

Bild 1.3: Einflußgrößen auf das Projekt

2. Organisationsstruktur des Projekts

Beteiligte an dem Projekt sind alle, die seitens der Entwicklungsabteilung und der Produktionsbereiche direkten Einfluß auf den Projektablauf genommen haben.

Entwicklungsabteilung

Die Entwicklung war in einer zentralen Abteilung angesiedelt, deren Aufgabe darin besteht, den Produktionsbereichen innovative Methoden und Techniken verfügbar zu machen und bereichsübergreifend Synergien zwischen diesen Bereichen zu nutzen.

Produktionsbereiche

Das Interesse der jeweiligen Produktionsbereiche war es, Komponenten zur Unterstützung ihrer Entwicklungsmethodik zu erhalten, die in ihre spezifische Entwicklungsumgebung integrierbar waren. In den Produktionsbereichen lagen insbesondere Erfahrungen über die Anwendung der zu unterstützenden Entwicklungsmethodik vor.

Zulieferungen

Die zugelieferten Komponenten waren nicht auf das beschriebene Projekt ausgerichtet, sondern sollten auch in anderen Projekten einsetzbar sein. Dabei handelte es sich z.B. um eine Komponente zur Gestaltung von Bedienoberflächen mit Menüs und Windows und um eine Komponente zur objektorientierten Beschreibung und Verwaltung von Objekten.

Für das Projekt gab es in der Entwicklungsabteilung drei Entscheidungsebenen:

Abteilungsleiter

Entscheidung über die Durchführung und über die Rahmenbedingungen für das Projekt (Ausstattung mit Ressourcen, Genehmigung der langfristigen Zielsetzung usw.)

Projektleiter

Planung und Überwachung der terminlichen und technischen Durchführung des Projekts

Entwickler

Technische Konzeption und Realisierung.

Die Organisationsstruktur des Projekts ist aus Bild 2.1 ersichtlich.

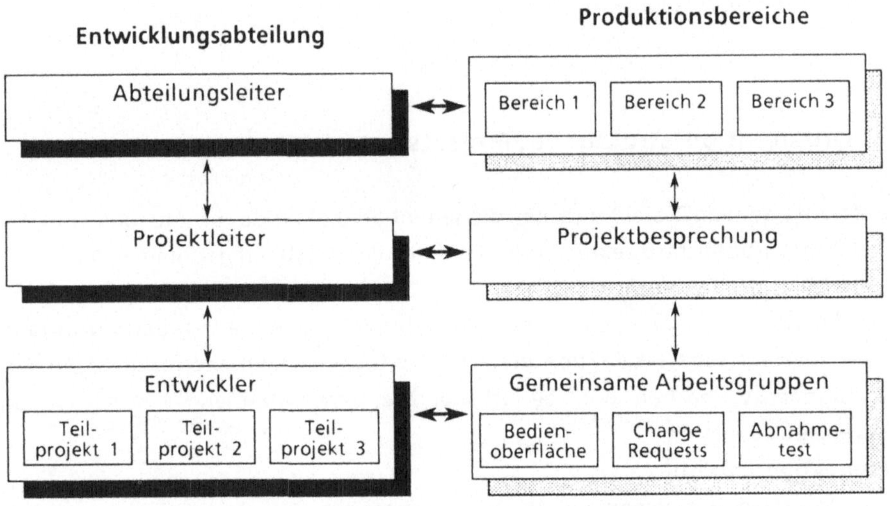

Bild 2.1: Organisationsstruktur des Projekts

Auf jeder Entscheidungsebene gab es für die Produktionsbereiche Möglichkeiten der Einflußnahme auf die Entwicklung. Z.B. wurde die Entscheidung über die Durchführung des Projekts zwar von der Entwicklungsabteilung getroffen, die Entscheidung war jedoch abhängig vom Interesse und der finanziellen Beteiligung der Produktionsbereiche.

Der Projektleiter mußte einerseits den Projektverlauf gegenüber seiner Entwicklungsabteilung vertreten und andererseits in regelmäßigen Projektbesprechungen den Vertretern der Produktionsbereiche über den Fortgang der Arbeiten und über die weiteren Planungen berichten. In diesem Kreis wurden auch die Anforderungen der Partner diskutiert und aufeinander abgestimmt.

Die Projektbesprechungen waren für die Kontinuität des Gesamtprojekts nützlich, da durch die ständige Diskussion in diesem Kreis einheitliche Meinungen über die Entwicklungsziele gebildet wurden.

Probleme, insbesondere technischer Art, die in der Projektbesprechung nicht geklärt werden konnten, wurden in temporär definierten Arbeitsgruppen gelöst und in der Projektbesprechung zur Entscheidung vorgelegt.

Nach Abschluß der Analysephase - nachdem eine Zuordnung von Aufgaben zu Komponenten getroffen war - wurde das Projekt in Teilprojekte unterteilt. Bei Termin- und Kapazitätsplanung wurde darauf geachtet, daß für jedes Teilprojekt mindestens zwei Mitarbeiter verfügbar waren. Dadurch war gewährleistet, daß jeder Entwickler einen Partner für Diskussion und Review von fachlichen Lösungen hatte. Dieser sollte auch in der Lage sein, gegebenenfalls die Arbeiten des Mitarbeiters weiterzuführen.

3. Zeitlicher Ablauf und Aufwand

Anstoß

Der Anstoß für die Neuentwicklung der CASE-Entwicklungsumgebung wurde bei einem Treffen zwischen Anwendern und Entwicklern gegeben, bei dem über den aktuellen Status des Prototypen und dessen eventueller Weiterentwicklung diskutiert wurde. Der Prototyp war sowohl vom Funktionsumfang her, als auch die Bedienoberfläche betreffend wesentlich magerer als die gewünschte und benötigte Entwicklungsumgebung. Ein Ausbau stand also an.

Bei dem erwähnten Treffen wurde auf die Schwierigkeiten der Weiterentwicklung mit dem vorhandenen Konzept und auf den damit verbundenen Aufwand hingewiesen. Dabei wurde bereits ein grober Aufwands- und Zeitplan vorgestellt, der die Neuentwicklung innerhalb von zwölf Monaten vorsah.

Studie

Der Prototyp wurde soweit entwickelt, daß er für Piloteinsätze produktiv einsetzbar war. Damit konnten die Entwicklungstechniken sofort genutzt werden, für die Produktentwicklung konnte somit der Termindruck vermieden werden. Gleichzeitig wurde eine Lösungsstudie erarbeitet, in der Zielsetzung und technische Lösungsmöglichkeiten für eine Neuentwicklung aufgezeigt wurden. Zielsetzung der technischen Konzeption war, Adaptierbarkeit in unterschiedliche

Entwicklungsumgebungen und Wiederverwendbarkeit für die Entwicklung weiterer CASE-Werkzeuge zu erreichen.

Auf Basis der Studie wurde fünf Monate nach dem Anstoß die Entscheidung getroffen, eine neue CASE-Entwicklungsumgebung zu erstellen. Die Erstellung erfolgte nach einem Phasenplan, in dem die Entwicklungsschritte und die dabei zu erarbeitenden Zwischenergebnisse festgelegt waren. Bild 3.1 zeigt eine Übersicht des Phasenplans und den zeitlichen Ablauf des Projekts.

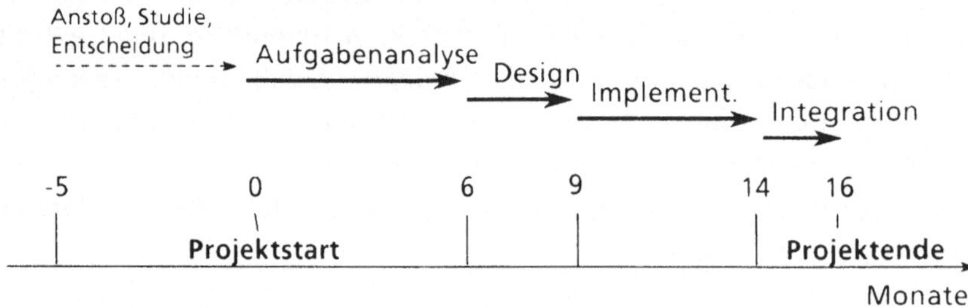

Bild 3.1: Zeitlicher Ablauf des Projekts

Aufgabenanalyse

Der erste Schritt war die Klärung der Aufgabenstellung und die Erstellung der Pflichtenhefte für den grafischen Editor, den Transformator und den Analysator. Der Schwerpunkt der Pflichtenhefte lag in der Festlegung der Funktionalität und der Bedienoberfläche. Da aufgrund des Prototypen bereits Erfahrungen in Bezug auf die nötige Funktionalität vorlagen, konnten die Anforderungen zu diesem Punkt ohne Schwierigkeiten definiert werden.

Problematischer war die Definition der Bedienoberfläche. Zu diesem Zeitpunkt gab es zur Gestaltung von Bedienoberflächen noch keine einheitlichen Konzepte, so daß die Vorstellungen darüber widersprüchlich waren. Dies führte dazu, daß dieser Teil der Pflichtenhefte mehrfach überarbeitet werden mußte.

In dieser Projektphase wäre es eine große Hilfe gewesen, wenn die Diskussion anhand eines Prototyps der Bedienoberfläche hätte geführt werden können.

Design

Aufgrund der vorbereitenden Arbeiten bei Studie und Pflichtenheft bot die Erstellung der Designspezifikation keine grundsätzlichen Schwierigkeiten. Neuartig war das Konzept der Objektorientierung, das hier von allen Mitarbeitern erstmals eingesetzt wurde. Obwohl für das objektorientierte Design noch keine eigenen Erfahrungen oder Vorbilder vorlagen, war das Design gut gelungen und hält auch vom Jahre 1990 aus betrachtet, rückblickender Kritik stand. Auch die weiteren Arbeiten an der gesamten CASE-Entwicklungsumgebung (vom Herbst 1987 bis Sommer 1990) konnten erfolgreich aufgrund dieser Konzeption durchgeführt werden. Dabei konnte der Basisanteil (bis zu 85%) für alle weiteren grafischen Editoren wiederverwendet werden.

Implementierung und Integration
Die Implementierung ist die Umsetzung des Entwurfs in eine Programmiersprache und die Realisierung von algorithmischen Teilen, die im Design noch nicht weiter ausgearbeitet wurden. Die Umsetzung des Entwurfs kann mit geeigneten Werkzeugen auch automatisch durchgeführt werden. Im Projekt standen in der geschilderten Zeitspanne noch keine Werkzeuge zur Verfügung. Mittlerweile sind Codegeneratoren dafür verfügbar.
Bei der Integration werden die Komponenten des zukünftigen Systems zusammengefügt, das Zusammenwirken zwischen den Komponenten des Gesamtsystems wird geprüft. Die Integration der hier beschriebenen Entwicklungsumgebung erfolgte in mehreren Stufen, um die Fehlersuche zu erleichtern. Außerdem konnte dadurch eine stufenweise Implementierung der Komponenten geplant werden.

Aufwand
Bild 3.2 zeigt die prozentuale Verteilung der Aufwände auf die Phasen für die Entwicklung des grafischen Editors, der größten Komponente im Projekt. Den höchsten prozentualen Anteil am Aufwand hatte die Aufgabenanalyse. Da bei dieser Komponente die Interaktion mit dem Benutzer im Vordergrund stand, war vor allem für die exakte Festlegung der Bedienoberfläche so viel Aufwand zu investieren.
Im Bild 3.3 ist der reale Aufwand dem für die Entwicklungsphasen geplanten gegenübergestellt. Die realen Aufwände stimmten gut mit den geplanten überein. Da jedoch die Entwicklerkapazität geringer war als geplant, verlängerte sich die Projektdauer von einem Jahr auf 16 Monate (Bild 3.1)

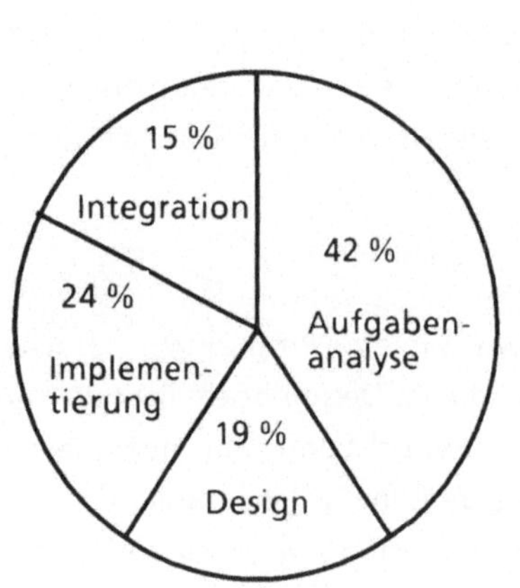

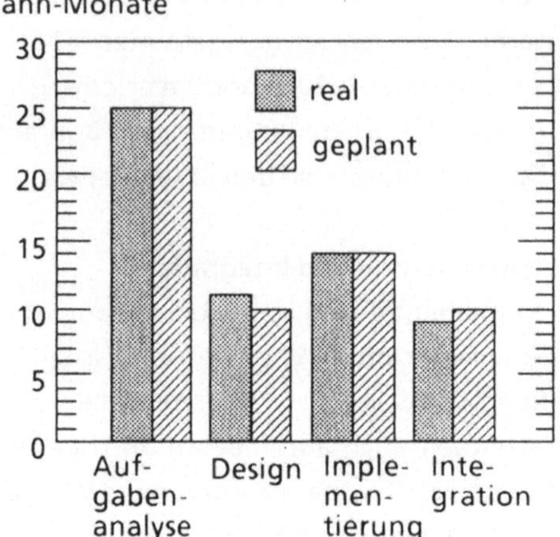

Bild 3.2: Aufwand in den
Entwicklungsphasen

Bild 3.3: Aufwand real gegen geplant

4. Planungs- und Schätzmethoden

Zur Planung und zur Schätzung des Aufwands wurde in folgenden Schritten
vorgegangen:
- Zerlegen der Aufgabe in überschaubare Arbeitspakete
- Schätzen des Aufwands durch Entwickler und durch den Projektleiter
- Begründung und Diskussion der Schätzwerte
- Festlegen der Termin- und Aufwandsplanung durch den Projektleiter,
  Abstimmen mit den Entwicklern.

Projektplanung

Im ersten Planungsschritt wurde die Aufgabe in Teilaufgaben zerlegt. Dabei
wurde auch die fachlich notwendige Reihenfolge der Arbeitspakete festgelegt, so
daß bereits bei diesem Schritt ein Projektstrukturplan entstand. Ziel dieses Plans
war es, die im Projekt durchzuführenden Arbeiten und deren Abhängigkeiten
aufzuzeigen. Für die einzelnen Arbeiten gab es definierte Arbeitsergebnisse, so
daß in diesem Plan implizit auch der Produktstrukturplan enthalten war. In einem
Produktstrukturplan sind alle Arbeitsergebnisse, d.h. alle Bestandteile des
Produkts und die zugehörigen Dokumente, einschließlich Zwischenergebnissen
und Zulieferungen angegeben.

Im zweiten Planungsschritt wurde der Aufwand für die einzelnen Arbeitspakete geschätzt. Die Aufwandschätzungen wurden vom Projektleiter und von Entwicklern unabhängig voneinander durchgeführt. Die Aufwände konnten aufgrund der vorausgegangenen Strukturierung der Aufgabe und der darin definierten Arbeitsergebnisse ziemlich genau abgeschätzt werden. In einer projektinternen Besprechung wurden die Schätzwerte begründet und diskutiert, um ein gemeinsames Verständnis der Aufgaben zu erzielen.

Im allgemeinen gab es bei den Schätzungen eine hohe Übereinstimmung, und wie sich im Nachhinein zeigte, entsprachen diese Werte auch dem tatsächlichen Verlauf. Differenzen bei den Schätzwerten hatten ihre Ursachen häufig darin, daß die Aufgabenstellung unterschiedlich interpretiert wurde oder daß technische Probleme aufgrund von noch unklaren Lösungsansätzen erwartet wurden.

Nach der Aufwandschätzung wurden die Aufgaben den Entwicklern zugeordnet. Zu berücksichtigen waren eine gleichmäßige Kapazitätsauslastung der Entwickler und die Abhängigkeiten in der Aufgabenreihenfolge. Aus diesen Angaben wurde ein erster Netzplan mit Terminen berechnet.

Die jeweils nächste Entwicklungsphase wurde detailliert geplant, während die späteren Phasen zunächst nur grob geplant wurden. Im Detailplan waren die Tätigkeiten bis zu einer Größe von etwa vier Kalenderwochen verfeinert. Um hier zu den tatsächlichen Endterminen zu kommen, mußten Weiterbildungsmaßnahmen und Urlaube bei der Planung der einzelnen Arbeitspakete mit berücksichtigt werden.

Diese Abwesenheiten sind ein generelles Problem bei der Detailplanung. Da die Termine für Weiterbildungsmaßnahmen und der Urlaub meist feste Termine sind, die Termine für die Entwicklungsarbeiten sich jedoch vor allem während der Planungsphase mehrfach ändern, kann es passieren, daß die Urlaubszeit eines Mitarbeiters einmal vor Beendigung eines Arbeitspaketes und einmal danach zu liegen kommt. Dies kann die Dauer eines Arbeitspaketes und seinen Endetermin erheblich beeinflussen. Da das eingesetzte Netzplanwerkzeug bei der Berechnung von Terminen nur von der Dauer der Arbeitspakete (Kalendermonate) und nicht von Aufwänden (Mannmonate) ausgeht, müssen Abhängigkeiten dieser Art nach jeder Netzplanberechnung überprüft und gegebenfalls manuell korrigiert werden.

Zwischen den Planungsschritten fand jeweils eine Abstimmung mit den Entwicklern statt. Dadurch wurde einerseits die Korrektheit der Planung sichergestellt und andererseits eine hohe Motivation zum Einhalten der Termine bei den Mitarbeitern erreicht.

Jedes Arbeitspaket, jeder Meilenstein, der Urlaub und jede Weiterbildungsmaßnahme wurden in einem Kästchen des Netzplans eingetragen. Jedes Kästchen

führte eine Identifikationsnummer und war nach dem in Bild 4.1 gezeigten
Schema aufgebaut:

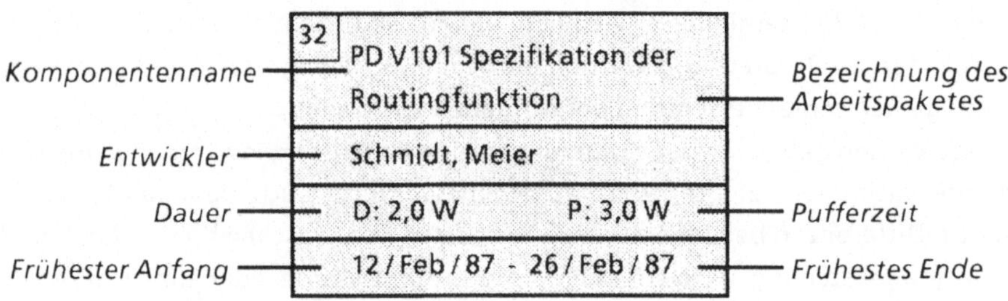

Bild 4.1: Beschreibung eines Arbeitspaketes im Netzplan

Der endgültig abgestimmte Netzplan war sowohl Arbeitsgrundlage für die Entwickler in Bezug auf die Reihenfolge von Arbeitspaketen und deren Fertigstellungstermin, als auch Steuerungsmechanismus für Projektabwicklung und -kon-
trolle.

Projektüberwachung
Die Einhaltung der Planung wurde durch regelmäßige Statusabfragen, durch
gelegentliche Korrekturen im Netzplan und nach der Methode der Meilenstein-
trendanalyse überwacht.
Die Meilensteintrendanalyse ist ein einfach zu handhabendes Instrument zum
Aufzeigen von Trends bzgl. der Termineinhaltung.
Der entscheidende Punkt dabei ist es, den Fertigstellungsgrad der einzelnen
Arbeiten richtig einzuschätzen. Dies ist natürlich umso leichter, je kleiner das
Arbeitspaket und je präziser das Arbeitsergebnis definiert ist. Deshalb ist auch für
die Projektüberwachung eine gute Strukturierung der Arbeitspakete von Vorteil.

5.   Entwicklungsmethoden

Die CASE-Entwicklungsumgebung wurde nach einem standardisierten Vorgehens-
modell (auch Phasenplan genannt) erstellt. In diesem Phasenplan sind Tätigkeiten,
Ergebnisdokumente und Meilensteine festgeschrieben.
In Bild 5.1 sind jene Software Engineering-Methoden aufgeführt, die in der
Analyse- und Design-Phase zur Systembeschreibung eingesetzt wurden.

	Methoden	Anmerkungen
Analyse-Phase	Checklisten	Empfehlungen für Inhalt und Gliederung der Anforderungen;
	Kanal-Instanzen Netze	Beziehungen zwischen den Systemkomponenten;
Design-Phase	Kanal-Instanzen Netze	statische Systemstruktur und Datenfluß
	Petri Netze	Dialogverhalten
	Datengitter	Beziehungen zwischen Systemkomponenten und Daten
	Syntaxdiagramme	Aufbau von Dateien
	Objektorientierte Techniken	Entwurf der Objekte mit ihren Funktionen und Eigenschaften und objektorientierte Programmierung
	Checklisten	Empfehlungen für Inhalt und Gliederung der Design-Dokumente

Bild 5.1:   Eingesetzte Methoden in der Analyse- und Design Phase

Da im Berichtszeitraum die benötigten Werkzeuge noch nicht auf dem
Entwicklungsrechner verfügbar waren, wurde ein grafikfähiges Dokumentationssystem eingesetzt. Damit wurden Diagramme nach den in Bild 5.1 genannten
Methoden gezeichnet. Prüfungen oder die Verwaltung von Diagrammen wurden
nicht vom Werkzeug unterstützt. Erst mit zunehmendem Projektfortschritt

wurden die Werkzeuge fertiggestellt. Mit deren wurde die Entwicklungsarbeit wesentlich erleichtert und verbessert.

Im folgenden werden die Beschreibungsmittel und Methoden erwähnt (siehe auch Bild 5.1) und deren Einsatz diskutiert. Dabei wird nicht auf Details von Methoden, Sprachen oder Werkzeugen eingegangen.

Checklisten

Checklisten bieten ein Gerüst für den Inhalt und die Gliederung von Analyse- und Designdokumenten. Es sind keine starren Vorgaben, sondern Empfehlungen für die inhaltliche Gestaltung dieser Dokumente.

Die Gliederungspunkte betreffen z. B. Angaben über Systemumgebung, Benutzer-oberfläche, Termine, Personalaufwand, Datenschutz, Normen, zu erstellende Dokumente, einzusetzende Software-Methoden und -Werkzeuge. Vorteile dieser Vorgehensweise sind, daß nichts vergessen wird, daß Zeit gespart wird und daß Pflichtenhefte weitestgehend einheitlich sind.

Kanal-Instanzen Netze

Die Systemstruktur wurde mit Kanal-Instanzen Netzen beschrieben (Wendt, 1984). In solch einem Diagramm werden die Systemkomponenten (Instanzen) und die Kommunikationskanäle zwischen diesen festgeschrieben.

Petri-Netze

Der Ablauf jedes grafischen Editors wurde in Dialoggraphen deutlich gemacht. Dialoggraphen sind Petri-Netze (Reisig, 1982), mit denen aufgezeigt wird, wie der Benutzer über die Bedienoberfläche mit dem Editor kommuniziert.

Datengitter

Mit Datengittern (Wendt 1985) werden Datenbeziehungen modelliert, ohne Realisierungsüberlegungen mit einzubringen. Auf hohem Abstraktionsniveau werden die Relationen zwischen den Daten beschrieben.

Syntaxdiagramme

Mit diesen Diagrammen wurde der syntaktische Aufbau von Dateien beschrieben.

Objektorientierte Techniken

Da die Entwicklungsumgebung objektorientiert entworfen wurde, sind Klassen- und Methodenbeschreibung zentraler Bestandteil der Design-Spezifikation. Dazu gehört sowohl die Klassenhierarchie (der Klassenbaum) als auch die Beschreibung der Funktionalität und der Eigenschaften der Klassen bzw. Objekte.Die Klassen des objektorientierten Designs wurden mit einer formalen Objektbeschreibungssprache spezifiziert. Aus den Objektbeschreibungen wurden Strukturen in der Sprache C generiert und in das Programm eingebunden. Dieses ermöglichte objektorientierte Programmierung in C ohne Spracherweiterungen.

Testvorgehen

Der Test wurde bereits in der Designphase geplant. In einer Testspezifikation
wurden Strategie und Hilfsmittel für den Modultest festgelegt. Darüberhinaus
wurden im Systementwurf Möglichkeiten vorgesehen, den grafischen Editor im
Batch ablaufen zu lassen. Damit kann auch ein interaktives System durch
Regressionstests systematisch und zuverlässig getestet werden.

Phasen-übergreifende und Phasen-unabhängige Verfahren

In der Analyse- und in der Design-Phase wurde Reviewtechnik eingesetzt. Dieses
hat sich bestens bewährt, da sehr frühzeitig in Pflichtenheft bzw. Design-
Spezifikation Wünsche, Anregungen, Klarstellungen und Festlegungen eingebracht und berücksichtigt werden konnten. An den Reviews haben die Anwender
und Auftraggeber, die Zulieferer und das Entwicklerteam teilgenommen.

Am intensivsten wurde die Bedienoberfläche diskutiert. Interne Schnittstellen und
Funktionen, wie sie in der Designspezifikation definiert wurden, interessierten
den Benutzer weniger.

Mit zeitlichem Projektfortschritt und mit zunehmendem Einsatz der CASE-
Entwicklungsumgebung beim Anwender und im Entwicklerteam selbst wurden
vermehrt Änderungswünsche und Fehlermeldungen an die Entwickler herange-
tragen. Dieses machte schließlich den Einsatz eines Meldungsverwaltungssystems
erforderlich. Damit konnten Meldungen erfaßt und dokumentiert werden.
Dadurch gehen keine Meldungen verloren, sie können nach Dringlichkeit sortiert,
bearbeitet und schließlich als "erledigt" gekennzeichnet werden. Die Priori-
sierung solcher Meldungen und die Versionsplanung wurde in den Projektbesprechungen entschieden.

6.   Beschreibung des Resultats

Die Ergebnisse des Projekts sind im Produktstrukturplan gezeigt (Bild 6.1 ist ein
Ausschnitt des gesamten Plans). Ergebnisse sind nicht nur die Programme, sondern
auch die Spezifikationen, die zur Entwicklung erforderlich waren, sowie Benutzer-
handbücher und Produktblätter.

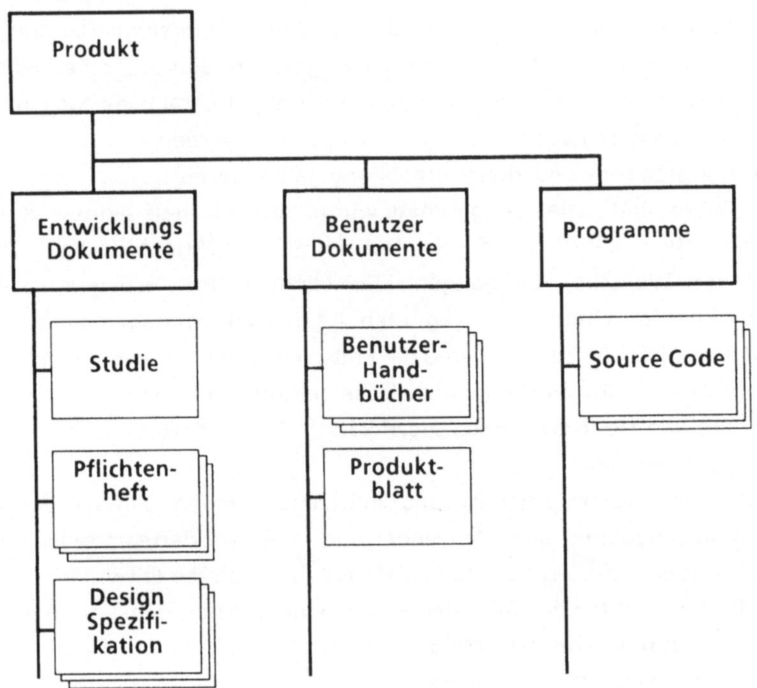

Bild 6.1 : Produktstrukturplan (Ausschnitt)

Im folgenden werden die Ergebnisse aufgeführt, ihr Inhalt kurz beschrieben und der Umfang genannt.

Studie

zur Realisierung eines Basiseditors für grafische Sprachen. Hier wurden Lösungsvorschläge prinzipieller Art erarbeitet.

42 DINA4-Seiten.

Pflichtenheft

Im Pflichtenheft wurden Festlegungen getroffen, die sich an den in der Studie aufgezeigten Vorschlägen und Lösungsalternativen orientieren. Erstellt wurden Pflichtenhefte jeweils

- zum Basiseditor.

  43 DINA4-Seiten.

- zu dem speziellen grafischen Editor, der auf dem Basiseditor aufsetzt. In diesem Pflichtenheft sind die Festlegungen bzgl. der Basisanteile nicht

nochmals aufgegriffen, es wurden nur noch die spezifischen Ausprägungen ausgeführt und die Benutzerschnittstelle genau definiert.
60 DINA4-Seiten.
- für Analyse- und Testwerkzeuge der CASE-Entwicklungsumgebung.
  30 bzw. 90 DINA4-Seiten.

Design-Spezifikation

In einer Design-Spezifikation werden die Funktionen, die Schnittstellen und die Abläufe der Softwarekomponenten detailliert beschrieben. Design-Spezifikationen gibt es
- zum Basis - und speziellen grafischen Editor.
  108 DINA4-Seiten.
- für Analysator und Transformator der CASE-Entwicklungsumgebung.
  80 bzw. 52 DINA4-Seiten.

Benutzerhandbuch

Um sowohl die Anwendung der Basisanteile für die Entwickler der CASE-Entwicklungsumgebung, als auch den Einsatz etwa des grafischen Editors für die Benutzer des Werkzeugs leichter und verständlicher zu gestalten, wurden diverse Handbücher erstellt
- für das grafische Objektverwaltungssystem
  38 DINA4-Seiten,
- für den grafischen Editor
  134 DINA4-Seiten.

Produktblatt

Das Produktblatt ist eine 8-seitige Broschüre, die knapp und werbewirksam die CASE-Entwicklungsumgebung beschreibt. Solch ein Dokument eignet sich als Übersichtsinformation bei Tagungen oder bei Besuchen firmeninterner oder externer Interessenten.

Source Code

Die Software wurde in C, ablauffähig im Betriebssystem UNIX, entwickelt.
Der Basiseditor umfaßt *10 000 Loc,* der spezielle graphische Editor *ca. 15 000 Loc,* der Analysator ca. 8000 und der Transformator ca. 7000 Loc.

Deltaspezifikation

Für Weiterentwicklungen nach Berücksichtigung von neuen Anforderungen, Änderungswünschen oder Fehlermeldungen wurden Deltaspezifikationen erstellt.
Eine Deltaspezifikation bezieht sich auf die Designspezifikation der betroffenen Komponente des Systems und enthält nur den Entwurf derjenigen Funktionen, die neu implementiert oder geändert werden müssen. Hierbei wird auf die Informationen aus dem Meldungsverwaltungssystem Bezug genommen.

Alle Dokumente wurden mit einem graphikfähigen Dokumenteneditor auf UNIX
Workstations erstellt. Implementiert wurde auf demselben Rechner. Somit waren
alle Dokumente elektronisch erfaßt und leicht änderbar.
Bewährt hat sich die Tatsache, daß gleich zu Projektbeginn Konventionen bzgl.
Layout und Gliederung der Dokumente festgelegt wurden.
Durch eine vorgefertigte Schablone für das Layout lagen "Kleinigkeiten" wie
Schriftart, Schriftgröße (für Überschriften und Text) Kopf- und Fußzeilen, Seiten-
numerierung, Randbreiten u.s.w. fest. Die Autoren mußten sich nicht immer
wieder Gedanken dazu machen oder etwa nachträglich Angleichungen der Dokumente durchführen. Verschiedene Autoren konnten getrennt voneinander
einzelne Kapitel fertigstellen. Nach dem Zusammenfügen der Einzelteile mußte
das Layout der Dokumente nicht überarbeitet werden.

7.   Erfahrungen, Bewertungen und Erkenntnisse

Erfahrungen, Bewertungen und Erkenntnisse bzgl. der Vorgehensweise im Projekt
und der Produktentwicklung sind im jeweiligen Zusammenhang bereits in den
vorherigen Kapiteln erwähnt.
Hier wird lediglich nochmals ein Fazit gezogen und es werden einige - aus Sicht
der Autoren - wichtige Lehren und Erkenntnisse zusammengestellt.

Erfahrungen bezüglich der Projektplanung
- Sehr positiv ausgewirkt hat sich die Einbeziehung der Entwickler in die *Termin-
  und Aufwandsplanung*. Dieses führte zu hoher Motivation und zu realistischen
  Planwerten.
- Als nützliches Planungsinstrument hat sich der *Netzplan* erwiesen. Dieses
  insbesondere deswegen, weil darin alle Daten, Termine und Abhängigkeiten
  des Projekts in <u>einem</u> Plan zusammengestellt sind.
- Das Projekt wurde in *Teilprojekte gegliedert* nachdem das Pflichtenheft
  fertiggestellt war und somit alle Systemkomponenten feststanden. Dadurch
  wurde die Gesamtaufgabe weiter strukturiert, die Teilaufgaben wurden
  überschaubarer und damit klarer.
- Zu jedem Teilprojekt gab es einen *Verantwortlichen und mindestens einen
  weiteren Entwickler* als Diskussions- und Reviewpartner, der im Bedarfsfall
  dessen Arbeiten weiter führen konnte. Der zeitliche Aufwand dafür wurde bei
  der Planung mitberücksichtigt.

Erfahrungen bezüglich der Projektabwicklung

- In den *regelmäßigen Projektbesprechungen* wurden technische Fragen diskutiert, Anforderungen an die Entwicklungsumgebung und Planungen wurden abgestimmt. Technisch schwierige Probleme wurden in kleinen Arbeitsgruppen gelöst.
- Wenn in einem System *Softwarekomponenten* verwendet werden müssen, deren Erstellung *außerhalb des Projekts* stattfindet, so ist auch ihre Entwicklung technisch und terminlich zu überwachen.
- Die *Meilenstein Trend Analyse* ist ein nützliches Hilfsmittel, um den Trend bzgl. Termineinhaltung zu verfolgen. Dadurch kann auf Unregelmäßigkeiten im Projektablauf reagiert werden.

Erfahrungen bezüglich Produktentwicklung

- Die Existenz eines Prototyps der CASE-Entwicklungsumgebung hat sich sehr positiv ausgewirkt. Die funktionalen Anforderungen an das neue Produkt waren damit für Entwickler und für Auftraggeber und Anwender weitgehend klar. Ein Prototyp auch für die Bedienoberfläche wäre hilfreich gewesen
- Ein hoher Grad an Wiederverwendbarkeit von Software Komponenten wurde durch die *objektorientierte Technik* und die gewählte Systemarchitektur erzielt. Der Entwurf des Toolsets ist - auch rückblickend betrachtet - als "sehr gut gelungen" zu bezeichnen.
- Die Mitarbeiter waren hochqualifiziert und besaßen bereits zu Projektbeginn ein für die Aufgabenstellung spezifisches Know-how. Dieses hat sich auf Produktivität im Entwicklungsprozeß und Qualität des Ergebnisses positiv ausgewirkt.

Auswahl von Methoden und Werkzeugen für Projekte der innerbetrieblichen Informationsverarbeitung

Die Durchführung von Software-Projekten kann durch geeignete Methoden und Werkzeuge wesentlich erleichtert werden, auch wenn die in der Werbung in Aussicht gestellten Produktivitätsgewinne meist stark übertrieben sind. Aber welche Methoden und Werkzeuge sind geeignet? Die Beantwortung dieser Frage ist schwierig und stellt selbst ein anspruchsvolles Projekt dar.

Der Beitrag beschreibt ein Projekt zur Auswahl von Methoden und Werkzeugen, die zusammen mit einer neuen Entwicklungsrichtlinie in den EDV-Bereichen eines multinationalen Konzerns hätten eingeführt werden sollen.

Die sehr hoch gesteckten Sachziele wurden nicht voll erreicht. Dafür wurden die Termine eingehalten und die Kosten unterschritten. Die konkreten Empfehlungen des Schlußberichts wurden zwar von den Auftraggebern zur Kenntnis genommen, aus verschiedenen Gründen jedoch nicht realisiert.

Es berichtet der Leiter des Evaluationsprojekts.

1. Ziel und Einbettung

1.1 Firmenumfeld

Das beschriebene Projekt ist 1986-88 im EDV-Bereich eines multinationalen Konzern aus der Elektro/Maschinenbau-Branche durchgeführt worden.

Die betreffende Firma war bis Ende 1985 stark regional organisiert. Die betriebliche Datenverarbeitung in den einzelnen Ländergesellschaften war entweder in einem Zentralbereich konzentriert oder wurde zumindest zentral kontrolliert. 1986 wurde neu eine weltweite Gliederung nach Sparten eingeführt. Als Folge davon wurden die rechtlich immer noch selbständigen zentralen EDV-Bereiche der beiden größten Konzerngruppen in Deutschland (im folgenden EDV-D genannt) und in der Schweiz (EDV-CH) zu einer verstärkten Zusammenarbeit verpflichtet.

1.2 Projektumfeld

Im Mai 1986 bestand in der Entwicklung innerbetrieblicher DV-Systeme folgende Situation:

Die Durchführung von Software-Entwicklungprojekten ist in beiden Konzerngruppen unbefriedigend.

In EDV-D ist eine Entwicklungsrichtlinie in Kraft, welche auf einem Phasenmodell mit sehr viel Einzelaktivitäten und ebensoviel Dokumenten basiert. Diese Richtlinie wird aber weitgehend mißachtet, weil sie nicht praktikabel ist. Als Entwicklungswerkzeug wird DELTA eingesetzt. In EDV-CH existiert ein hausgemachtes Vorgehensmodell; dieses ist aber unvollständig und nicht verbindlich, so daß sich kaum jemand daran hält. Programmiert wird in PL/1, Werkzeuge existieren praktisch nicht.

Es wird daher beschlossen, daß EDV-D und EDV-CH gemeinsam eine neue Entwicklungsrichtlinie schaffen und daß diese mit Methoden und Werkzeugen unterstützt wird. Es werden zwei Projekte definiert:
- Projekt B, Start sofort: Erarbeitung der neuen Entwicklungsrichtlinie
- Projekt MWB, Start im 4. Quartal 1986: Bereitstellung von Methoden und Werkzeugen.

Das Projekt MWB wird im nachfolgenden Beitrag beschrieben.

Terminziel: Beginn der Einführung: 1.1.1988
                     Allgemeine Nutzung ab: 1.1.1989

1.3 Ziele

Für das Projekt MWB werden folgende Sachziele definiert (wörtlich zitiert aus der Projektdokumentation):

Die Qualität der Produkte (Programme und Dokumente) soll durch den werkzeuggestützten Einsatz von Entwicklungsmethoden sowie durch Schulung der Mitarbeiter erheblich gesteigert werden.

Die Produktivität in der Entwicklung soll durch systematisches Vorgehen und durch Werkzeugeinsatz insgesamt gesteigert werden. Die Steigerung wird vor allem in der Entwurfs- und Realisierungsphase erzielt. In den Anfangsphasen der Projekte wird die Produktivität trotz Werkzeugeinsatz absinken, da die konsequent durchgeführte Dokumentation Zeit kostet. Diese Einbuße geht zugunsten der Qualität. Sie wird außerdem durch Gewinne in Entwurf und Realisierung und vor allem in der Nutzung wettgemacht.

Durch die verbesserte Qualität der Produkte sollen die Kosten für die Nutzung (Pflege und Weiterentwicklung) deutlich gesenkt werden.

Anpassungsentwicklungen und die Beschaffung von gekauften Systemen sollten ebenfalls methodisch unterstützt sein.

2. Organisation

Das Projekt MWB wird bereits nach der im Entwurf fertigen neuen Richtlinie B organisiert. Danach wird ein Projekt in fünf zeitliche Phasen gegliedert: Anforderungs-, Konzept-, Entwurfs-, Realisierungs- und Einführungsphase. Die Freigabe der Mittel (und damit die Genehmigung zur Durchführung des nächsten Schritts) erfolgt portionenweise zu Beginn der ersten drei Phasen.
In der personellen Projektorganisation gibt es ein Führungs- und ein Arbeitsteam. Das Führungsteam erteilt den Projektauftrag, bewilligt die Mittel und nimmt das Ergebnis ab. Das Arbeitsteam unter Leitung des Projektleiters führt das Projekt durch. Der Projektleiter handelt im Rahmen des ihm gestellten Auftrags eigenverantwortlich.

Konkret wird das MWB-Projekt wie folgt organisiert:

Auftrag: Definition einer geeigneten Entwicklungsmethode und Erarbeitung von Konzepten für den Werkzeug-Einsatz und die Schulung. Auflage: Es wird nicht entwickelt, sondern beschafft.

Zu erstellende Dokumente:
- Projektplan
- Systembeschreibung
- Anforderungsdokument
- Lösungskonzept
- Abnahmeplan
- Glossar

Personelle Organisation:

Führungsteam: 6 Personen, u.a.
- Leiter EDV-D, EDV-CH
- Leiter Systementwicklung EDV-CH

Arbeitsteam: 6 Personen
- Je drei Personen aus EDV-D und EDV-CH auf Stufe Gruppenleiter/Hauptgruppen-
  leiter
- Projektleiter: Leiter der Software-Engineering-Gruppe in EDV-CH.

Man beachte, daß aufgrund der Zielsetzung und der Auflage, nicht zu entwickeln,
keine Entwickler beteiligt sind.

3. Ablauf

Was	Soll-Termin	Ist-Termin	
Projektstart	01-87	01-87	(Terminangaben
Abschluß Anforderungsphase	14-87	13-87	in Kundenwochen)
Freigabe Dokumente der Anforderungs-			
Phase durch Führungsteam	14-87	34-87	
Start Konzeptphase	15-87	16-87	
Abschluß Konzeptphase	31-87	32-87	
Freigabe der Dokumente der Konzept-			
Phase durch Führungsteam	31-87	34-87	
Beschluß, Werkzeuge vor Beschaffung			
zu erproben		34-87	
Start Erprobungsteilprojekt	36-87	36-87	
Installation der zu erprobenden			
Systeme	40-87	*	
Vorlage Erprobungsbericht	04-88	04-88	
Freigabe durch Führungsteam	04-88	08-88	
Beschluß, eine breite Einführung			
von Methoden und Werkzeugen vorerst			
nicht zu beschließen (d.h. Projektende)		08-88	

---

* Von vier geplanten Installationen erfolgt eine termingerecht. Eine verspätet sich wegen Hardware-
  Problemen um einen Monat, eine gelingt wegen Hardware-Problemen überhaupt nicht und eine
  verzögert sich wegen Beschaffungsproblemen um 3 Monate.

4. Aufwand

WAS	Schätzung bei Projektbeginn	Schätzung Ende Anforderungsphase	IST-Kosten
a) Anforderungsphase			
- Projektleiter	24 MT		19 MT
- restl. Arbeitsteam	56 MT		49 MT
- Führungsteam	5 MT		0 MT
- Literatur, Seminare	Fr. 7.000		ca. Fr. 5.000
- Reisen	Fr. 6.000		ca. Fr. 2.000
b) Konzeptphase			
- Projektleiter	} pauschal	26 MT	25 MT
- restl. Arbeitsteam	} 100 MT	76 MT	nicht dokumentiert
- Führungsteam		3 MT	5 MT
- Literatur, Seminare	} pauschal	Fr. 1.000	ca. Fr. 300
- Reisen	} Fr. 10.000	Fr. 7.000	ca. Fr. 2.500

c) Werkzeugerprobung

WAS	geschätzte Kosten	IST-Kosten
Personalkosten	Fr. 134.000	
Reisen	Fr. 15.000	
Schulung	Fr. 10.000	
Software-Beschaffung	Fr. 43.000	
Hardware-Beschaffung	Fr. 8.000	
total	Fr. 210.000	ca. Fr. 170.000

Minderkosten bei der Werkzeugerprobung:

- ca. Fr. 25.000 beim Personal, da geplante Erprobungsinstallationen nicht durchführbar waren
- ca. Fr. 16.000 bei Software, da eine geplante Komponente nicht erprobt wurde.

5. Eingesetzte Methoden/Werkzeuge

- **Projektplanung und -abwicklung:** im Entwurf vorliegende neue Entwicklungsrichtlinie für die Entwicklung innerbetrieblicher Informationssysteme

- **Kostenschätzung:** Analogieschlüsse, Orientierung des Personalaufwands teilweise an der vorhandenen Kapazität

- Dokumente:
  - Aufbau und Gliederung der Dokumentation nach der neuen Entwicklungsrichtlinie
  - Produktion der Entwürfe größtenteils mit Text-Editoren (VAX-EDT, SCRIPT, TEXT4, WORD, einzelne Teile mit Dokument-Generatoren von Werkzeugen)
  - Integration und Satz der von den Projektmitarbeitern gelieferten ASCII-Texte mit SCRIPT/DCF auf IBM Host

- Anforderungen:
  - Strukturierung nach einem Objekt-Informationsfluß-Modell (Glinz, 1987)
  - Einsatz von SPADES (Ludewig et al., 1985) zur Erstellung der Systembeschreibung und des Anforderungsdokuments (letzteres nur teilweise).

6. Resultate

6.1 Formale Ergebnisse

Das äußerlich sichtbare Ergebnis des Projekts waren folgende Dokumente:

- für die Projektabwicklung
  - Projektplan (12 Seiten)

- nach der Anforderungsphase:
  - Systembeschreibung (5 Seiten)
  - Anforderungsdokument (18 Seiten)
  - Glossar (6 Seiten)

- nach der Konzeptphase:
  - Lösungskonzept (16 Seiten)
  - Abnahmeplan (6 Seiten)

- nach der Erprobung:
  - Erprobungsbericht (25 Seiten)

Die Bilder 1-5 zeigen einige Ausschnitte aus den Dokumenten.

6.2 Inhaltliche Ergebnisse

Das Methodenkonzept sieht für die frühen Phasen der Systementwicklung vor, Systeme nach dem Prinzip von Objekten und Informationsflüssen zu zerlegen und auf tieferen Stufen dann Daten, Funktionen und Abläufe zu betrachten. Die Darstellung soll sich auf vorhandene halbformale graphische Notationen abstützen. Aus den Graphiken und den dazu erforderlichen Texten sollen nach vorgeschriebenen Gliederungen die Dokumente entstehen.

Beim Werkzeugkonzept besteht die Auflage, daß die Werkzeuge nicht entwickelt, sondern beschafft werden müssen. Es erweist sich als nicht sehr schwierig, anhand der Kriterienliste des Abnahmeplans (dieser ist eigentlich kein Abnahme-, sondern ein Evaluationsplan) aus etwa 50 Werkzeug-Kandidaten rund 90% auszuscheiden. Die verbleibenden 5 Werkzeuge werden näher evaluiert, wobei sich zeigt, daß zwei Kandidaten sich leistungs- und preismäßig sehr ähnlich sind. Insgesamt verbleiben so 4 Lösungsvarianten. Es erweist sich jedoch dann als unmöglich, ohne vorherige praktische Erprobung einen Variantenentscheid zu treffen. Im Lösungskonzept werden daher alle vier Varianten mit ihren Vor- und Nachteilen dokumentiert.

Nach Begutachtung des Lösungskonzepts scheidet das Führungsgremium zwei Varianten aus. Eine, weil sie spezielle Minirechner als Hardware benötigt hätte, die andere, weil man die Kosten für die Beschaffung der für dieses Werkzeug nötigen graphischen Workstations scheut.
Die nachfolgende Erprobung der verbleibenden (PC-basierten) Varianten zeigt, daß die zur Erprobung gewählten Varianten weniger ausgereift sind als vermutet und daß wesentliche Fähigkeiten v.a. im Hinblick auf die Dokument-Erzeugung nicht vorhanden bzw. nicht brauchbar sind.
Im Erprobungsbericht wird trotz allem eine Empfehlung für das bessere der erprobten Werkzeuge ausgesprochen. Dieses Werkzeug wäre mit etwas Einsatz und gutem Willen der Beteiligten einsetzbar und könnte die bestehende Situation in verschiedenen Punkten wesentlich verbessern.
Das Führungsteam trifft jedoch im wesentlichen einen Null-Entscheid: Beschaffung einer Installation für weitere Erprobungen (um nach außen das Gesicht zu wahren), vorerst keine weiteren Maßnahmen.

7. Probleme/Erleichterungen

7.1 Projektumfang

Der Projektauftrag war sehr umfassend. Drohende Folgen davon waren
- ein Ausufern der Arbeit (was mit dem Durchsetzen der geplanten Termine verhindert werden konnte)
- ein Abgleiten der Resultate in Allgemeinplätze (was teilweise in der Tat passiert ist).
In Konzept und Erprobung kamen greifbare Resultate schließlich nur zustande, indem der Projektumfang pragmatisch auf das Machbare reduziert wurde.

7.2 Zusammenarbeit

Die Zusammenarbeit zweier rechtlich, finanziell und geographisch getrennter Bereiche in einem Projekt war ein potentielles Problem. Auf der Ebene Arbeitsteam/Projektleitung war die Zusammenarbeit problemlos. Im Führungsteam jedoch waren die unterschiedlichen Interessen der beiden Bereiche mitverantwortlich für den Mißerfolg des Projekts.

8. Diskussion, Lehren

8.1 Es mangelt noch an der Sache ...

Das Projekt zeigte einmal mehr mit aller Deutlichkeit, daß der Stand käuflicher Werkzeuge und der von ihnen unterstützen Methoden im Jahr 1987 noch erheblich unter den an diese Mittel gestellten Anforderungen lag. Insbesondere die verlangte Kombination von
- halbformalen graphischen Darstellungen
- Speicherung aller Daten auf der Stufe einzelner Objekte (nicht auf der Stufe ganzer Diagramme und Files) in einer Datenbank
- Integration von Graphik und Text mit rechnergestützter Dokumenterzeugung
wurde von keinem käuflichen Werkzeug geleistet. (In den bis zum Erscheinen dieses Buchs vergangenen Jahren hat sich an dieser Tatsache leider nicht allzuviel geändert.)

8.2 Es liegt an den Personen ...

Wegen der Reorganisation der Firma gab es in EDV-CH größere Personal- und Planungswirren. Der Leiter übernahm Anfang 1987 eine andere Stelle im Konzern; eine klare Nachfolgeregelung gab es erst ein Jahr später. Der Leiter Systementwicklung in EDV-CH, eine der treibenden Kräfte sowohl des Richtlinien- als auch des Methoden- und Werkzeugprojekts, war die ständigen Querelen leid und verließ im Herbst 1987 die Firma. Seine Nachfolge wurde nur interimistisch geregelt. Vom Spätsommer 1987 an herrschte ein Klima, in dem die Tatkräftigen im Management andere Sorgen hatten, während die Ängstlichen sowieso nichts ändern wollten. Die Voraussetzungen für einen Nullentscheid waren somit ideal.

8.3 Termine und Kosten vs. Sachziele

Termintreue und Kostenunterschreitungen sind teilweise dadurch zustande gekommen, daß die Sachziele zugunsten der Termineinhaltung enger gesteckt wurden. Die bei Projekten dieser Art sonst große Gefahr des Ausuferns konnte so wirksam bekämpft werden.

8.4 Wasch mir den Pelz, aber mach mich nicht naß...

8.4.1 Kosten

Die Verantwortlichen haben sich stets gescheut, die wahren Kosten einer Methoden- und Werkzeugeinführung ernst zu nehmen.
In der Wirtschaftlichkeitsrechnung, welche dem Projektauftrag zugrundelag, hatte der Projektleiter Investitionskosten pro Arbeitsplatz von Fr. 21.000 bis Fr. 43.000 (je nach Ausbaustufe und Komfort) und Schulungskosten pro Mitarbeiter von ca. Fr. 20.000 geschätzt. Eine Einführung auf breiter Front (d.h. für mindestens ein Drittel der geschätzten 340 Entwickler) hätte somit Kosten in der Höhe von 5 Millionen Franken verursacht. Diese Zahlen wurden vom Mangement freundlich zur Kenntnis genommen, obwohl offensichtlich niemand gewillt war, eine solche Summe auch wirklich auszugeben. Als es dann wirklich darum ging, Beschlüsse mit Kostenfolgen zu fassen, wurden die Vorstellungen plötzlich sehr bescheiden und kurzfristig ("vorerst nur ein paar Arbeitsplätze", "Vorhandene IBM-PC nutzen", "Mit Schulung müssen wir dann sehen").

8.4.2 Unterstützung

Die meisten betroffenen Entwickler, z.T. einschließlich der Gruppen- und Hauptgruppenleiter, standen dem ganzen Projekt sehr skeptisch gegenüber, da sie ihre Arbeitsweise z.T. erheblich hätten ändern müssen.
Das höhere Management unterstützte das Projekt als solches durchaus; die Projektanträge mitsamt aller Kosten wurden problemlos bewilligt, zumal der Löwenanteil der Kosten Personalkosten waren, die keinem weh taten.
Der Wille, die auf dem Papier erzielten Resultate in die Praxis umzusetzen und sie auch gegen Widerstände durchzusetzen, war jedoch nicht vorhanden.

Rückblickend gesehen sind hier wahrscheinlich die entscheidenden Fehler gemacht worden. Ähnliche Erfahrungen in anderen Firmen zeigen, daß solche Methoden- und Werkzeugprojekte offensichtlich nur gelingen
- wenn entweder das Management mit aller Konsequenz dahinter steht
- oder wenn eine kleine Gruppe von der Basis her es mit allen Mitteln will.

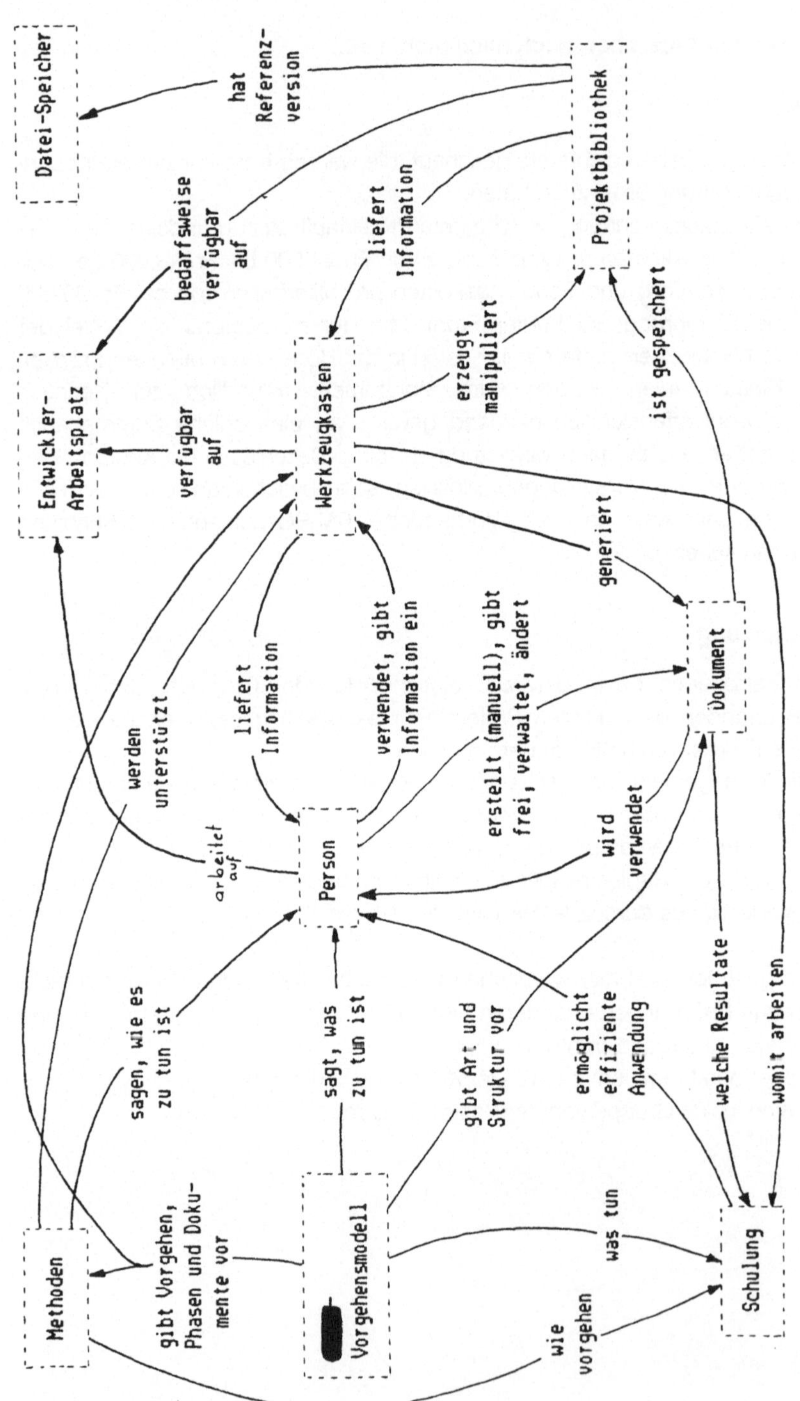

Abbildung 2.1: Systemmodell

Bild 1: Ausschnitt aus der Systembeschreibung

3.5   Projektbibliothek

Der Ort, an dem alle Informationen zusammenfliessen

3.5.1   Funktionale Anforderungen

Die Projektbibliothek speichert alle Informationen über das in Entwicklung befindliche System mit dem Feinheitsgrad einzelner Objekte und Beziehungen.

3.5.1.1   Anforderungen an die Speicherung

Alle Informationen müssen, mittels Werkzeugunterstützung, in einer integrierten Datenbasis abzulegen und zu warten sein.

- Jedes Textkapitel, hierarchische Struktur, Querverweise, jedes Objekt und jede Beziehung aus dem Diagrammen bzw. der Sprachdarstellung, d.h. alle für den Zweck der Dokumentation notwendigen und hinreichenden Informationen müssen vorhanden sein.
- Die logischen Zusammenhänge zwischen den Zuständen in der Projekt- und Systemdokumentation müssen sichergestellt sein.
- Automatische Konsistenzsicherung bei Aenderungen an den Daten.
- Sichern aller Daten zu bestimmten Zeitpunkten
- Versionskontrolle und Versionssperre (check-in, check-out).
- Unterstützung der Erzeugung von Sichten auf die Information.

3.5.1.2   Organisatorische Richtlinien

Die Informationsspeicherung in der Projektbibliothek muss mittels geeigneter Vorgaben und Festlegungen geregelt werden.

- Die Gliederung der Projektbibliothek sollte nach Objekten und nicht nach Dokumenten erfolgen. Eine Ableitung der Dokumentation aus den Objektinformationen ist logischer und einfacher als umgekehrt.
- Ein Data Dictionary muss die Definition von Objekten mit ihren Attributen unterstützen, z.B. Angaben wie

Bild 2: Ausschnitt aus dem Anforderungsdokument

Nutzung (Phase)
†Phase, welche auf die Entwicklung eines †Systems folgt. In der Nutzung wird ein †System operativ betrieben. Neben der bestimmungsgemässen Nutzung wird das †System in dieser Phase auch gepflegt (Fehlerkorrekturen, Anpassungen) und weiterentwickelt. Grössere Weiterentwicklungsvorhaben werden als neue †Projekte behandelt.

Objekt
Bestandteil eines †Systems. Objekte können Daten, Masken, Listen, Funktionen usw. sein. Sie sind funktional beschreibbar, haben eine innere Struktur und stehen in Beziehung miteinander.

Organisations-Beschreibung
†Systemdokument mit den Organisationsplänen und -massnahmen, welche für den Einsatz eines †Systems erforderlich sind. Entsteht in der Phase †Realisierung.

Phase
Zeitlicher Abschnitt im Leben eines †Systems. Die †████-Phasen sind nach den in ihnen vorherrschenden Tätigkeiten benannt. Dies schliesst andere Tätigkeiten nicht aus. †████ kennt die Entwicklungsphasen †Anforderung, †Konzept, †Entwurf, †Realisierung und †Einführung. Daneben gibt es die †Vorphase zur Vorbereitung eines Projekts sowie zum Schluss die Phase der †Nutzung.

Phasenmodell
Eine zielgerichtete Vorgehensweise, die in vorgegebenen †Phasen den zeitlichen Ablauf der Software-Entwicklung widerspiegelt.

Preliminary Design Review
†Meilenstein, mit dem die Konzeption eines †Systems abgeschlossen wird. Der †Meilenstein ist erreicht, wenn das †Lösungskonzept, das †Installationsdokument und der †Installationstestplan vorliegen.

Produktionsumgebung
Umgebung, in der ein †System operativ betrieben und ohne Einschränkungen genutzt wird.

Projekt
Abwicklungsrahmen zur geordneten Erreichung eines Ziels (z.B. Entwicklung eines †Informationssystems).

Projektbibliothek
dient, mittels eines Ablagesystems, der Verwaltung der in einem †Projekt anfallenden Information. Die †Projektbibliothek erlaubt die Auswertung und Zusammenstellung dieser Information nach

Bild 3: Ausschnitt aus dem Glossar

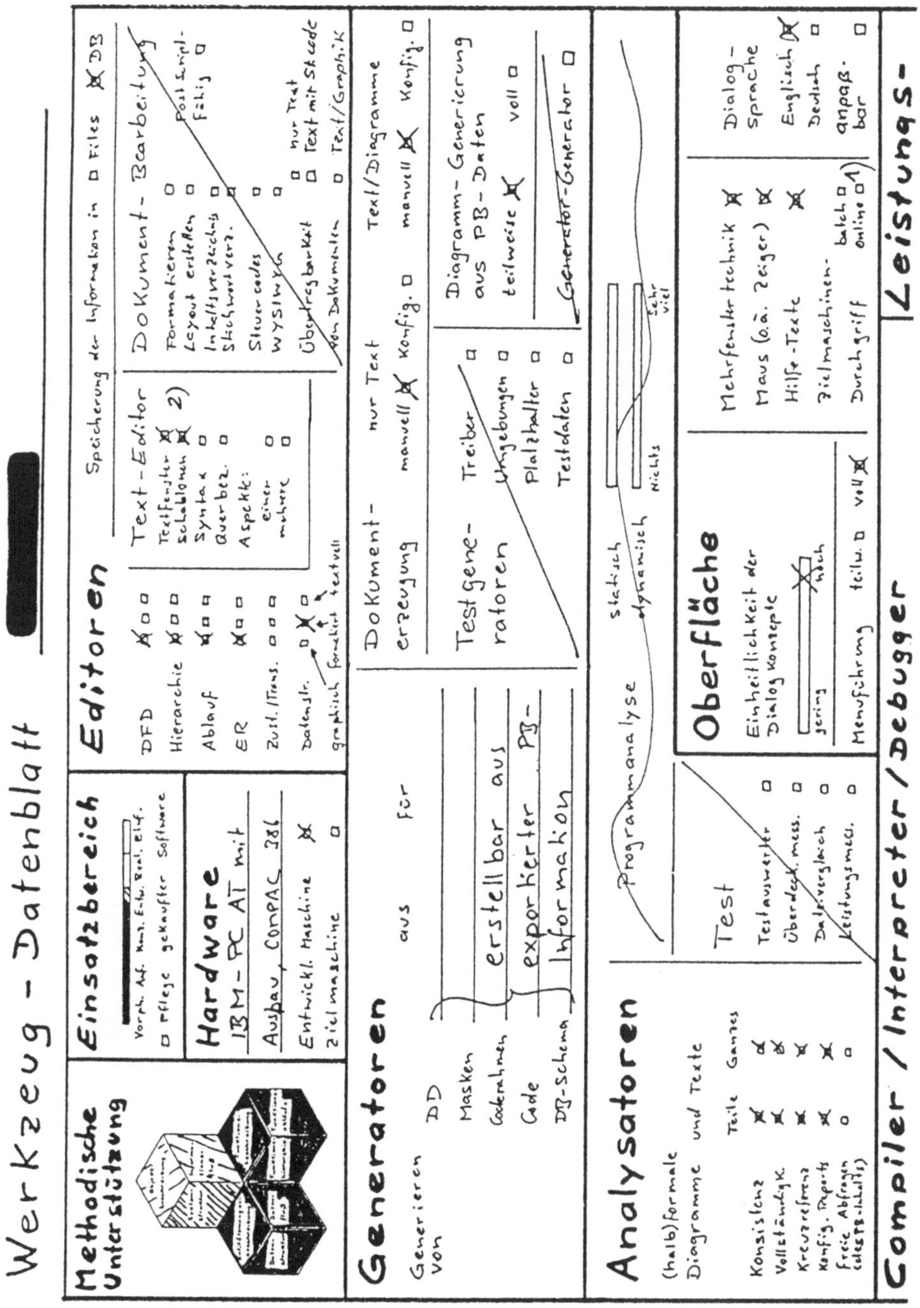

Bild 4: Werkzeug-Datenblatt aus Lösungskonzept

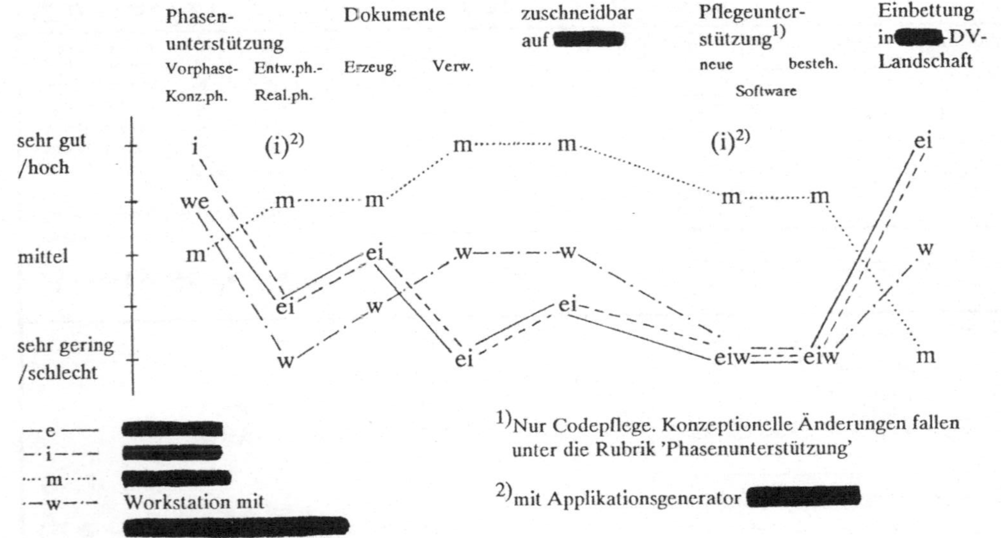

Bild 2: Kritsche Merkmale der vier Werkzeugkasten-Varianten

L.2.5.6 Fazit und Empfehlung

- Die 'Workstation'-Variante ist für Arbeitsplätze in der innerbetrieblichen Informationsverarbeitung noch zu teuer; ihr Leistungspotential wird zuwenig genutzt.

- Einem Einsatz von ███████ stehen schwerwiegende organisatorische Probleme
entgegen. Das Führungsgremium muß entscheiden, ob diese Variante weiter verfolgt werden
kann bzw. soll.

- ██████ und ████ können mit geringem Aufwand und Kosten (20-30 KFr.) erprobt

Nachwort:
Die Arbeit am Buch als Software-Projekt

Ein Merkmal und eine Besonderheit der Informatik ist die inhärente Rekursivität: Während ein Brückenbauer mühelos unterscheiden kann zwischen einer Brücke und der Beschreibung einer Brücke, geht bei uns das eine in das andere über, wir verwenden formale Sprachen, um formale Sprachen zu definieren, wir schreiben Programme, um damit leichter Programme schreiben zu können, und wir sind uns oft nicht darüber im klaren, ob wir an einem Programm oder an der Beschreibung dieses Programms arbeiten (man denke an den Ausdruck "selbstdokumentierender Code").

So ist es eigentlich nicht überraschend, daß sich die Konzeption und Realisierung dieses Buches im Rückblick ganz ähnlich einem gewöhnlichen Software-Projekt darstellt, also nicht wesentlich anders als die in den Berichten vorgestellten. Da sind zunächst die charakteristischen Phasen:

- Am Anfang steht eine Idee: "Es wäre doch schön, wenn wir ein solches Buch/System hätten". Sie wird freundlich kommentiert, denn es entsteht vorerst noch kein Aufwand.

- Nach einiger Werbung wird ein Beschluß gefaßt: "Jawohl, wir machen es". Zögernde Erklärungen der Bereitschaft zur Mitarbeit: Jetzt wird es ernst.

- Vorarbeiten mit geringen Kosten kommen rasch in Gang. Bald liegt eine Konzeption vor, die den Beteiligten ein Bild dessen gibt, was realisiert werden soll. Unter den Teilnehmern breitet sich eine gewisse Euphorie aus: "So schlimm kann's doch nicht werden, das haben wir bald."

- Beim Versuch, die Konzeption in Beiträge umzusetzen, wachsen die Zweifel. Teilnehmer werden schwankend, ob die Arbeit mit erträglichem Aufwand zu einem lohnenden Ziel führt. Der Projektleiter muß sich bemühen, die Mitarbeiter bei der Stange zu halten.

- Während das Buch/System langsam Gestalt annimmt, kommt es zu Pannen und Rückschlägen. Einzelne Komponenten erweisen sich als nicht realisierbar.

- Durch unvorhergesehene Schwierigkeiten, hier z.B. bei der Freigabe einzelner Beiträge, wird der vorgesehene Fertigstellungstermin überschritten. Wenn es jetzt noch lange dauert, haben alle den Spaß verloren, das Projekt droht zu kippen.

- Mit Blessuren, aber im ganzen doch zufrieden, keucht der Projektleiter schließlich über die Ziellinie.

Als "Projektleiter" sehe ich am Ende einige Mängel sehr klar und bin doch mit dem Ergebnis im ganzen zufrieden; es muß ja nicht für die Ewigkeit Bestand haben.

Der Herausgeber hatte hier eine schwierige Rolle: Einerseits mußten die Autoren auf eine Präsentation der wesentlichen Punkte und verständliche Darstellung eingeschworen werden, andererseits sollte kein zerkochter Eintopf entstehen, sondern das Kolorit der verschiedenen Organisationen erhalten bleiben. Darum habe ich auch keinen Versuch gemacht, den Jargon zu standardisieren, und so kann dasselbe Wort in verschiedenen Beiträgen durchaus unterschiedliche Bedeutung haben.

Einige Texte sind nüchtern formuliert, andere sarkastisch, manche Autoren haben auch die Konturen der harten Realität vorsichtig geglättet: Die Beiträge sind eben von Menschen geschrieben. Als Leser können Sie darum zwischen den Zeilen auch etwas über die (hier namenlosen) Personen und die verschiedenen Firmen-kulturen erfahren - und lasten Sie die Brüche dem Herausgeber an!

Von solchen eher stilistischen Unterschieden abgesehen sind manche Ähnlich-keiten der Projekte auffällig: Konflikte zwischen Entwicklern und Anwendern ("Informatik" und Kunde), auch oder gerade Anwendern im eigenen Hause, sind nicht die Ausnahme, sondern der Normalfall. Ein andere Invariante der Projekte sind die Verzögerungen in der Konzeptionsphase.

Die Leser können sich darauf selbst einen Reim machen; wir haben bewußt darauf verzichtet, die Berichte zu kommentieren. Denn wir wissen sehr gut, daß wir unsere Projekte nicht "objektiv" sehen können und darum manche Effekte überschätzen, dann wieder anderen Zusammenhängen gegenüber blind sind. So werden verschiedene Leser auch verschiedene Schlüsse ziehen, werden diese oder jene Aussage für sehr wichtig oder unsinnig erklären.

Ich hoffe mit den Autoren der einzelnen Beiträge, daß das ganze hier und jetzt nützlich ist. Wer sich zum Buch oder zu einzelnen Beiträgen darin äußern will, wird in mir einen sehr interessierten Adressaten finden.

Jochen Ludewig   Institut für Informatik der Universität Stuttgart
                                  Azenbergstr. 12, D-7000 Stuttgart 1
                                  ludewig@ifi.informatik.uni-stuttgart.dbp.de

Literaturangaben

Boehm B.W. (1981):
Software Engineering Economics. Prentice Hall, Englewood Cliffs, N.J.

Chen, P.P.S. (1976):
The Entity-Relationship-Model - Towards a Unified View of Data.
ACM Transactions on Database Systems 1 (1), 9-36.

Daly, E. (1979):
Organisation for Successful Software Development.
DATAMATION, Dezember 1979.

DELTA (1984):
Softwareentwicklung mit DELTA.
Delta Software AG, Schwerzenbach, Schweiz.

Denert, E. (1977):
Specification and Design of Dialogue Systems with State Diagrams.
Proceedings International Computing Symposium
1977, Liège, North Holland, pp.417-424.

Denert, E. (1985):
Datenabstraktion in der Praxis der Softwareentwicklung.
**Technisch-Wissenschaftliches Softwareseminar der IBM
Laboratorien Böblingen**, Band 16, Oldenbourg-Verlag, München.

Elzer, P.F. (1989): Management von Software-Projekten.
Informatik-Spektrum 12 (4), 181-197.

Floyd, C. (1981):
A Process-oriented Approach to Software Development.
In Systems Architecture, **Proceedings of the 6th European ACM
Regional Conference**, Westbury House, pp. 285-294.

Glinz, M. (1987):
Objektorientierte, halbformale Spezifikation mit SPADES.
In P. Schmitz et al. (Hrsg.) **Requirements Engineering '87**.
GMD-Studien Nr. 121, pp. 163-174.

Hall, P. (1980):
Great Planning Desasters. Weidenfeld & Nicolson.

Heydenreich, N., J. Siedersleben (1988):
   ADAM - die ADAC-Mitgliederverwaltung. Entwurf und Organisation einer
   großen Datenbank. **Proceedings of the 19th International Software
   AG User's Conference**, Wien.

IEEE 730 (1984):
   Standard for Software Quality Assurance Plans.

Ludewig, J., M. Glinz, H. Huser, G. Matheis, H. Matheis, M. Schmidt (1985):
   SPADES - A Specification and Design System and its Graphical Interface.
   Proc. 8th Intern. Conf. on Software Engineering, London, pp. 83-89.

Noth, Th., M. Kretzschmar (1984):
   Aufwandsschätzung von DV-Projekten.
   Springer-Verlag, Berlin, Heidelberg, New York.

Parnas, D.L. (1972):
   On the Criteria to be Used in Decomposing Systems into Modules.
   Communications of the ACM 15.(12), 1053-1058.

Race, J. (1979):
   CASE Studies in Systems Analysis. MacMillan Press, London.

Reisig, W. (1982):
   Petri-Netze - Eine Einführung.
   Springer-Verlag, Berlin, Heidelberg, New York.

Siedersleben, J. (1989):
   Die Poisson-Verteilung in der Praxis des Datenbankentwurfs.
   Informatik, Forschung und Entwicklung 4, 61-66.

Wendt, S. (1984):
   Projektbibliothek auf der Basis von Strukturplänen.
   Angewandte Informatik, November 1984, 452-458.

Wendt, S. (1985):
   Datengitter zur grafischen Darstellung von Datenstrukturen.
   Angewandte Informatik, Oktober 1985, 352-439.

Wolverton, R.W. (1974): The Cost of Developing Large-Scale Software.
   IEEE Computer, 615-636.

Stichwortverzeichnis

Schönthaler/Németh

Software – Entwicklungswerkzeuge: Methodische Grundlagen

Von Dr.
Frank Schönthaler,
Universität Karlsruhe, und
Dipl.-Wirtschaftsing.
Tibor Németh,
Universität Karlsruhe

1990. 379 Seiten.
16,2 x 22,9 cm.
Kart. DM 52,–.
ISBN 3-519-02417-9

(Leitfäden der angewandten Informatik)

Preisänderungen vorbehalten

Systemverhaltens – Entwurf von Benutzerschnittstellen – Programmentwurf – Objektorientierter Entwurf – Software-Wiederverwendung – Prototyping – Operationale Spezifikationssprachen und Transformationssysteme

Das Buch behandelt die methodischen Grundlagen der wichtigsten heute am Markt verfügbaren Software-Entwicklungswerkzeuge. Aufbauend auf der Darstellung elementarer methodischer Konzepte werden zunächst für unterschiedliche Projektphasen einsetzbare Methoden und Sprachen vorgestellt. Die sich seit den späten 70er Jahren bis heute zu einem Quasistandard entwickelten Methoden und Sprachen für die strukturierte Analyse werden ausführlich behandelt. Für die Spezifikation spezieller Aspekte in einem Software-Entwicklungsprojekt stehen heute verschiedene Datenmodelle, Methoden und Sprachen zur Spezifikation dynamischer Anforderungen und zur Spezifikation von Benutzerschnittstellen zur Verfügung. Die Vermittlung der hierfür wesentlichen Konzepte bilden einen Schwerpunkt des Buches. Einen weiteren Schwerpunkt bilden die Ausführungen zur Software-Entwicklungsphase Programmentwurf. Hier werden Konzepte des strukturierten, des datenorientierten sowie des objektorientierten Entwurfs erläutert. Das Buch behandelt darüber hinaus hoch aktuelle Konzepte wie Software-Wiederverwendung, Reverse Engineering und Prototyping, die nachhaltige Produktivitätsverbesserungen in der Software-Entwicklung erwarten lassen.

Aus dem Inhalt:

Grundlegende Entwicklungsstrategien – Universell einsetzbare Techniken – Methoden und Sprachen für die strukturierte Analyse – Datenmodellierung – Spezifikation des

B.G.Teubner Stuttgart

Frühauf/Ludewig/Sandmayr
Software-Projektmanagement und -Qualitätssicherung

Von Dipl.-Ing.
Karol Frühauf,
INFOGEM AG Baden/
Schweiz, Prof. Dr.
Jochen Ludewig,
Eidg. Technische Hochschule
Zürich, und
Dr. **Helmut Sandmayr,**
INFOGEM AG
Baden/Schweiz

1988. 136 Seiten.
16,2 × 22,9 cm.
Kart. DM 28,–
ISBN 3-519-02490-X

(Leitfäden der angewandten
Informatik)

Gemeinschaftsausgabe
B. G. Teubner Stuttgart –
Verlag der Fachvereine Zürich

Preisänderungen vorbehalten

Software-Projekte gelten auch heute noch als besonders riskant. Eine Analyse zeigt, daß die – zweifellos gegebenen – technischen Probleme daran weniger Anteil haben als die Schwierigkeiten, solche Projekte zu planen, zu führen und unter Kontrolle zu behalten. Es scheint, daß man dabei noch immer eher „nach Gefühl" als nach klaren Regeln vorgeht. Die schlechten Ergebnisse legen aber eine Änderung nahe.

Die Autoren dieses Leitfadens verfolgen das Ziel, diejenigen, die sich vom intuitiven auf einen systematischen Ansatz der Software-Entwicklung umstellen wollen, mit dem notwendigen Grundwissen auszustatten. Dabei geht es nicht um die technischen Aspekte der einzelnen Phasen, sondern um die globalen, also das Projektmanagement und die Qualitätssicherung. In diesem Zusammenhang werden auch Fragen der Ausbildung, der Werkzeugauswahl und der Verantwortung der Software Engineers angesprochen.

Aus dem Inhalt: Einleitung und Grundlagen – Der Einstieg ins Projekt: Planung, Kostenschätzung, Organisation – Freigabewesen-Meilensteine – Projekt-Controlling – Qualitätssicherung – Konfigurationsverwaltung – Personalführung, Werkzeuge und Schulung – Der Projekt-Abschluß – Software-Management-Prinzipien – Literaturübersicht und -verzeichnis

B. G. Teubner Stuttgart